李世强◎编著

激发潜能的心理暗示

激发天赋潜能，改变你的人生。
善用天赋潜能，让梦想成为现实！

只有读懂暗示，才能变得强大！

中国纺织出版社

内 容 提 要

心理暗示力是一种神奇的力量，在很多时候，它能让一个人发挥出超强的能力。本书选用心理学与行为科学的研究成果，解析了“暗示”这一种神奇力量对我们的影响：“暗示”能够激发潜能，影响自我命运，重塑自我性格，探知行为习惯与身体语言，驱除“心魔”。书中结合了生动的案例，提出了一系列用“暗示”激发内心能量的方法，让你轻松自如地学会撑控自己的潜能，教你认识“暗示”的巨大力量，指引你用“暗示”的方法激发出内心的潜能，用潜能的力量告别烦恼，战胜困难，走向成功。

图书在版编目（CIP）数据

激发潜能的心理暗示／李世强编著. --北京：中国纺织出版社，2014. 2 （2024.4重印）
ISBN 978-7-5064-9872-2

Ⅰ.①激… Ⅱ.①李… Ⅲ.①自我暗示—通俗读物 Ⅳ.①B842.7-49

中国版本图书馆CIP数据核字（2013）第196519号

责任编辑：徐丽丽　　责任印制：储志伟

中国纺织出版社出版发行
地址：北京市朝阳区百子湾东里A407号楼　邮政编码：100124
邮购电话：010—87155984　传真：010—87155801
http：//www.c-textilep.com
E-mail：faxing@c-textilep.com
北京兰星球彩色印刷有限公司印刷　各地新华书店经销
2014年2月第1版　2024年4月第3次印刷
开本：710×1000　1/16　印张：15
字数：181千字　定价：69.80元

前言

科学研究表明，人类是唯一能够接受暗示的动物。人人都可以接受不同程度的心理暗示。在20世纪之前，德国先后有近100名勇士单独进行过横渡大西洋的冒险，结果无一例外都葬身大海。后来，有一个德国的精神科医生林德曼博士却创造了奇迹，独自一人成功横渡大西洋。他在后来回忆起这段冒险经历道："其实大海上的大风大浪并不可怕，最可怕的是你对自己绝望。我在横渡过程中不停地鼓励着自己，我相信自己一定能够成功。我就是用这样的方式战胜了恐慌，最终到达了胜利的彼岸。" 林德曼博士采用的这种自我激励的方法就属于心理暗示的范畴。

在我们的日常生活中，心理暗示随处可见。心理暗示可以治病，积极正确的暗示疗法不仅能消除心理障碍，还能医治疾病，让我们达到强身健体的目的；暗示不光有治病的功能，经实验表明，暗示还对记忆力有一定的影响，通过正确的暗示引导，可以挖掘人的记忆潜力；积极的心理暗示还能让自己感到快乐，可以帮助自己在经历困境时摆脱逆境，战胜困难。但长期消极的心理暗示则会对自身和他人产生不良的影响。经研究表明，长期生活在消极的心理暗示下，极易使人的情绪产生波动，甚至出现患病的状态。而对于缺乏辨别能力的儿童来讲，消极的心理暗示很容易影响到其一生的发展；因此，大人的一言一行对儿童的成长都起着限制或促进的作用。现代医学认为，长期处于消极心理暗示下的人，健康状况极易出现问题，长期的焦虑易使人患上癌症、心理问题等疾病。所以说，暗示是一把双刃剑，用好了可以让自己收获幸福，用不好则会让自己抱憾终生。

综上所述，心理暗示的作用是巨大的。人本来就是一种情绪极易波动的动物，人生难免受到情绪的控制，所以我们要学会善于控制自己的情绪，要多给自己一些积极的心理暗示，让我们走向更美好，更幸福的生活。

李世强

2014年1月

第一章 暗示的神奇魔力：让潜能爆发

人生在世，有的人庸碌一生，有的人却可以把握住机会造就自己的传奇之旅。究其原因，不同的人生境遇是由不同的选择和行为所致。那么是什么导致了这种种不同呢？从根本上讲，源自于每个人不同的心理暗示，正是这些心理暗示导致人们做出和暗示相应的选择和举动。所以，不论你身处什么样的环境，请给自己多一些积极的心理暗示，让这种神奇的魔力将你的潜能最大限度地激发出来，开启属于你自己的成功之旅。

不想当将军的士兵不是好士兵

通常人们都会认为生理和身体是人最大力量的来源，这一观点有失偏颇，其实人生最大的力量源其实是心理暗示。心理暗示对人具有神秘莫测的力量，这一神秘莫测的力量往往影响着人生的走向。因此，你要敢于探索它，其中，想象是最好的工具。

小时候，我们曾做过这样的实验，用手轻轻拍打膝盖时，我们的小腿就会自动踢伸，这就是膝跳反应。人体还有另外一种本能的反应，当觉得自己是个成功者时，内心会不自觉地强大，挺胸昂头，嘴角露出微笑，眼神也变得坚毅起来。

某杂志前几年曾报道过一个中学篮球队的故事。

有几名科学家进行了一项实验，他们把水平相似的队员分为两个小组，告诉第一个小组停止练习自由投篮一个月；第二组则需要每天练习一个小时；第三组是用心理暗示想象自己的投篮是绝对能够成功的。

1个月后，3组队员进行了投篮考试，结果，第一组的投篮水平由39%降到37%，第二组由于在体育馆坚持了练习，平均水平达到了41%，较之前提高了两个百分点，第三组通过想象练习，平均水平达到了42.5%，较之前提高了3.5个百分点。

这真是很奇怪，是什么原因让想象投篮练习比普通练习的成功率还要高呢？其实很简单，这是积极心理暗示在起作用。暗示是成功不可或缺的因素，想象是成功者最好的“工具”。这并非迷信，而是一种科学。

第三组球员之所以表现最成功，是因为他们善于通过想象暗示自己是一个成功者，不断地创造或者模拟着他们想要获得的经历，结果他们内心的力量得到了增强，成功的事情越来越多，最后也就真的成为了成功者。

有句话在无数的励志书中出现：“生动地把自己想象成失败者会使人不能取胜，生动地把自己想象成胜利者将带来无限的成功。伟大的人生始于你想象中的图画——你决定要成为什么样的人，或是被暗示成什么样的人，意志或者动机的驱动力就会使你做那样的事情、成为那样的人。”美国“投资之神”沃伦·巴菲特的成功就是对这句话最好的证明。

沃伦·巴菲特于1930年出生在美国小城奥马哈。他幼年时家境不好，因为父亲投资失败，全家人生活非常清苦。看着父母因为衣食而犯愁的脸庞，年幼的巴菲特立志要成为一个有钱人，让自己的家人过上衣食无忧的生活。他拿着铅笔在纸上写下这样一行字：“虽然我现在没有太多的钱，但是总有一天我会很富有，这些数字代表着我未来的财产，我的照片也会出现在报纸上的。”

巴菲特在青少年时期从事过很多职业：做过饮料销售、杂货铺的帮忙伙计、高尔夫球童和报纸送递员。他在9岁的时候就经营了两家专门从事二手出租生意的公司，生意红火了一阵子；11岁时，他投资了三支股票，并从中捞到了他人生中的“第一桶金”——5美元；1945年，14岁的巴菲特用自己赚来的钱买了40英亩的土地，变成了一个小地主。

1957年，巴菲特积累的财富已有50万美元之多；5年后，他的财富翻了14.4倍；到了1967年，他已经拥有6500万美元的资产，成为了名副其实的千万富翁……在巴菲特迈入79岁高龄的时候，他的资产已高达620亿美元之巨。巴菲特是世界上迄今为止最成功的投资者。对于商界来说，他可称得上是一个千年一遇的奇才。

提及自己的成功，巴菲特解释道：“我的成功并不复杂，少年时代我有一本爱不释手的书——《赚到1000美元的1000招》，这本书用一些白手起家的故事来激发人们创造财富的欲望。那时候，我总是沉醉于创业成功者的故事里，想象着自己未来的成功景象：站在一座金山旁边，自己显得多么渺小。如此，我总会发现自己有了一种从来没有过的自信，刺激着我不停地奔向成功。”

拥有好的心态才会有一个好的结果。将自己想象为成功者，对自己的能力抱有信心的人，比缺乏信心的人更有可能获得成功的青睐。有句话是这样说的：“不想当将军的士兵不是好士兵。”这句话适应于各行各业的人。

如果你想借助自我暗示的力量，成为一个成功者，那么，重要前提就是利用积极的心理暗示给自己树立强大的信心。花点儿时间想象一下，现在你正坐在豪华的办公室或会议室，正在统筹规划公司的发展远景，也可以想象随之而来的巨额报酬和发号施令的权力……这些都有助于你保持心情舒畅，保持强有力的自信心。

还有一种有效及简单的想象方法，以成功者的姿态出现，将身体伸展成一条完美的直线，昂首、挺胸，四肢自由舒展。如果你认为成功者需要精致的钱包和名贵的衣服，那么不妨从今天起设法穿戴上这些象征成功的东西，你会因此感受到成功对你的召唤，也会让你给别人留下一个好的印象。

成功者到底每天在想什么？成功者每天在做什么？复制成功者的想法，复制成功者的行动，每天花两分钟时间做一做，这样坚持下来，你内心的力量将得到引导和开发，从而使你慢慢接近想象中的成功。

让自己成为命运的主人

成功者的道路有着惊人的相似之处，失败者的道路却是各有各的不同。成功者首先会相信自己是成功者，相信自己是命运的主人。这不仅仅是一种自信，更是一种积极的自我心理暗示。所以，当困难来临的时候，他们会勇敢地站出来，承担起自己应当承担的责任。正是成功者的这种人格魅力，不断驱散失败，吸引成功。

成功者往往都很自信，这种自信会使成功的到来成为水到渠成的事情。我们刚说出的一些话，转眼间往往就会忘记了，但是成功者却不然，他们有信念作为先行，坚定的信念是成功的基石，这样的基石可以把成功牢牢地绑在成功者的身上，不断感染着自己，指引自己，向着成功的方向不断进发。

我们都期待完美生活，我们都希望在春暖花开的季节面朝大海，但是能够走到海边的又有几人？愿意在海边盖房子的又有几人？很多失败者并不是因为自己走错路，也不是因为能力和别人差距有多大，最主要的是因为他们只把成功放在口头上，并没有让成功的信念发挥出应有的作用，产生取得成功所必备的磁场。

坐而论道，不如起而行之。如果我们把成功看得更现实一点，相信自己，付出行动，那么，我想，成功就不会太遥远了。我们不能光抒发主观意愿，告诉自己该如何如何，更应该告诉自己应该怎么做，只有这样，我们的内心才会燃起希望。

别人身上的成功不是我们的成功，我们要做的就是相信自己，把成功的经验从别人身上拿过来，变成自己的。如果有一天我们拥有了非凡的自信，当别人的意见干扰到你的时候，你能够力排众议，坚持己见，拥有了这样的磁场，就等于拥有了成功的条件。只有在这个时候，我们才可以说：我们离成功真的很近了。

成功者之所以能得到自己想要的东西，是因为他们并不是把事情硬组合在一起，更不是盲目控制自己的心灵力量，而是靠非凡的自信，才取得最后的成功的。《易经·系辞上》说："物以类聚，人以群分。"对于具有积极意义的相同的事物，由于我们大多数人都没有去努力追求，没有揣摩成功究竟离我们有多远，所以，成功离自己越来越远了。

宋朝大文学家范仲淹年幼的时候家里十分贫困，家里拿不出多余的钱供他上学。但是范仲淹不甘平庸，便跑到寺院僧房里去读书学习。

在僧房学习的时候，范仲淹经常把自己关在屋里，废寝忘食地读书。他每天刻苦读书，就是为了能学到更多的知识。

在学习过程中，范仲淹的衣食起居条件非常简陋，他每天晚上都用糙米熬出一碗粥饭，到了早上粥饭凝固了，就拿刀把粥饭切割成四块，早上吃两块，晚上吃两块。即使生活如此艰苦，依然不能磨灭范仲淹的志向，他还是一如往常地努力读书。

范仲淹的一个同学听说他窘迫的生活状况后，就把这件事告诉了自己的父亲。同学的父亲都非常同情范仲淹，就让儿子给范仲淹带去一些鱼肉，使他能补补身体，更好地读书。

范仲淹看了看同学拿来的鱼肉，坚定地说：“谢谢你，但是我不能要，我认为吃简陋的饭更能磨炼我的意志。无功不受禄，请你还是拿回去吧！”

那位同学以为范仲淹不好意思才没有接受的，于是，就把鱼肉放下了。

过几天，那名同学又来看望范仲淹，看到他前几天送给范仲淹的鱼肉丝毫没动，而且已经变质发霉了，于是非常生气地说：“我好心给你东西吃，你还不领情。现在东西都变坏了，这不是浪费粮食吗？”

范仲淹赶忙解释说：“并不是我想让这些东西坏掉，只是我过惯了艰苦的生活。如果我吃了这些美味佳肴，等到以后我再过回艰苦的日子就不习惯了。你和你家人的一番好意我心领了，感谢你们！”

那名同学回到家中，把范仲淹的话和父亲说了。父亲听后大加称赞，说道：“范仲淹真是一个有志气的好孩子，今后一定会大有作为！”

果然，经过刻苦的学习，范仲淹成为我国古代著名的文学家和政治家，他人穷志坚的故事也流传至今，成为鼓舞和激励后世学子们的精神楷模。

范仲淹之所以成功，这种吃苦的精神和少年艰苦的生活，都是一种宝贵的人生历练和经验。他能取得后来的成就，显然和这些是分不开的。

我们常常把成功者的成功归结于运气，但是现实真的是如此吗？显然不是！那是因为成功者的坚持突破了瓶颈，让成功走到了他们的身边。相比之下，失败者则不然，他们因小失大，总是把自己不费吹灰之力得到的东西当作宝贝，然后盲目地庆幸自己已经成功了。然而，客观现实与主观幻想南辕北辙，失败者的这种成功只是一种假象而已。

我们想要成功，就要在失败和挫折中绝地反击，通过被成功所吸引，在周围产生磁场，让逆境发生逆转，这样一来，成功才会真正变为现实。想要成功的人要懂得给自己这样的自我暗示：成功不是一朝一夕的努力，而是数十年如一日的坚持，梦想有多大，能力就有多大。只有充满这样的信心，你的梦想才会变成现实。

激发自己，开启灵感与潜能

潜能是蕴藏在我们体内的一个宝藏，它拥有惊人的能量。积极的心理暗示也拥有这种惊人的能量，能够有效地激发你的潜能，唤醒你体内沉睡的天赋，使你的人生迎来崭新的变化以及伟大的超越。但是，潜能的激发需要一定的氛围和磁场，需要特定的频率来影响和左右。只有特定的刺激或在某种特定的条件下，潜能才会被激发。

潜能包含两层含义，一层意思是指潜力，另一层是指超级能力。所谓“潜力”，指那些已经发现但未能被开发的才力，以智力、能力等来说，你本有歌唱天赋，而且你也喜欢，你发现了自己的天赋，但你最终并没有涉足歌唱行业，而是把唱歌当作一种业余爱好，甚至从来不敢想自己会成为大歌唱家。当你发现你有歌唱天赋的时候，这仅仅意味着这是“潜力”，而你需要进一步将“潜力”开发壮大，最终让自己成功。所谓“超级能力”，是指人类大脑里尚未开发出的一种超乎想象的能力。举一个例子，假设你可能具有天生的体育才能，只不过这一才能深藏未露，很多人包括你自己都无法意识到自己的这种能力，所以就更不用说发挥这种才能。有潜能而没有发挥出来，就等于没有潜能。因此，潜能要转化为实际的才能，并不是自然而然的，它需要我们有意识地去发现自己、设计自己，它需要某些外在的刺激物来激发自己、启迪自己，开启自己的灵感与潜能。

牧人法约尔的儿子利马在镇上福特的店里学习做生意。有一天，法约尔问福特：“福特，利马跟你学习的如何了？”

福特答道：“老兄，咱们这么多年交情了，我有什么话就直说了。利马这孩子性格稳健，但是，他没有经商的天赋，就是和我学一辈子也没有出头之日啊。法约尔，我劝你还是带着利马回家学习如何放牧吧！”

利马随后到了大城市，亲眼目睹许多原来很贫穷的孩子做出了大事业，潜能突然被唤起，于是他决心做一个大商人。他对自己说：“别人能做到的事情我一样也可以做到。”其实，他本来是有经商的头脑的，只是他没有将自己的潜能激发出来。后来的结果证明，利马不仅具备做商人的天赋，而且还是一个非常优秀的商人。

大多数人的潜能都需要被外界环境的刺激才能激发出来，一旦将潜能激发，并加以正确的引导和开发，就能让人功成名就；否则，引导不当的话，则会沦为平凡。因此，如果人们不将自己的潜能激发并好好发扬的话，那么，原有的才能也会早晚不保，甚至变得迟钝并失去它原本的力量。

爱迪生说：“我最需要的，就是有人叫我去做我力所能及的事情。”表现自我的最好方法就是先着手去做自己力所能及的事情。某些名人做不到的事情，也许“我”就能够做到。人体蕴藏的潜能是巨大的，但潜能需要人的开发和引导，才能造就出伟大的成就。

在英国北部某地有一个人，中年时他还是一个不识文墨的鞋匠。当他步入晚年之时却拥有了全市最大的图书馆，不仅得到了人们的赞誉，别人视他为知识渊博的大学者。这个人的希望是要帮助人们接受教育、获得知识。可是他从未接受过正规的教育，是什么原因驱动他做这样的事情呢？这源于早先他听到的“教育的价值”的演讲。正是因为这次演讲，激发了体内蕴藏的潜能，他的热情也因此被激发，于是促使他做出了这一不同凡响的事业。

现实生活中，有许多人的才能在年轻时没有施展出来，反而到了老年时却慢慢地展现出来。为什么会出现这种情况呢？可能是他们因为一些较有感染力的书籍激发，可能是受到了激情四射的演讲感染，也有可能是得到了朋友的支持和鼓励。可见，潜能能够及时有效地发挥出应有的效能，很大程度上取决于是否能够有适合的激发物。

倘若你与一群失败者面谈，你就会发现：他们失败是因为他们从来不曾走入过足以激发人、鼓励人的环境中，潜能没有被发掘出来，并且往往在不利的外在环境中一蹶不振。

所以努力与那些了解你、支持你、鼓励你的人接近，充分地认识你的潜能，他们会带给你不一样的改变，对你日后的成功，也必将产生重大的影响。同时多接触在这个世界上留下足迹的人、有所成就的人，或许他们的一句话、一个行为都会成为你改变的开始。所以，请给自己一些这样积极的心理暗示吧，将自己的潜能最大限度地发掘出来。

相信奇迹的人才能创造奇迹

相信奇迹的人才能创造奇迹。这是一种积极的心理暗示，往往会让你收获成功，迸发出超越他人的力量。有些奇迹是让人难以置信的，但是人类却依靠自己的吸引力不断让奇迹在身边上演着，比如飞机上天、飞船登月、探查火星等，这些都是以前人们不敢想象的事情，但是现在我们却一一实现了。社会仍然在不断向前发展，必然还会有更多的奇迹出现，只是等待我们去创造罢了。

我们都知道存在决定意识，但我们也常常会为意识的产生而纠结，因为意识的产生很难用常规思路来解答。在实际生活中我们能体会过一种现象，那就是预感。其实，预感恰恰就是潜意识发挥效应的所在。

1948年，苏联有一位名叫迈兴的预言家要到阿什哈巴德演讲，但是他刚来到这里，就被一种不安的情绪所笼罩，最终，他只得选择离开。没想到，三天之后，阿什哈巴德就发生了大地震，而这场地震共造成5万多人丧生。

预感是由一种潜意识在发生作用，它可能让我们感到不安、恐惧等，而这种潜意识就促使我们及时采取行动，避免灾难发生。预感有时候也被人称作第六感。很多人都有过这样的经历，就是一直在想某人的时候，他就会不经意地出现。这种现象不能单单以巧合来进行解释，更应该说是潜意识的一种外在表现。潜意识就是产生预感的最根本原因。

潜意识和显意识都是意识，潜意识存在于我们的大脑之中，只是我们很难判断出潜意识是否真实存在。但在某种特殊情况下，潜意识往往会发挥出巨大能量，让我们能够能动地、积极地不断向着成功的方向迈进。

很多时候，我们的能力需要被唤醒，而唤醒我们能力的就是潜意识。有时候，我们做梦的时候，会发现潜意识在为我们制造着各种各样的梦境，有的时候我们还会被自己的梦境所惊醒。这时，潜意识的吸引力就会不断展现出来，进而装满我们整个大脑。

在现实生活中，只要我们坚持自己想要得到的，并且不断地让这件事情吸引我们的注意力，我们就会为这件事情投去更多的重视目光。有了这样的吸引力，再加上我们坚持不懈的努力，我们想要实现的梦想就会成为现实。

我们的潜意识具有一定的吸引力。有的人也许会问，既然我们的潜意识有吸引力，为什么我们想要吸引金钱却吸引不到呢？我们活在当下，所要面对的是形形色色的现实问题，我们不可能做到像童话中的阿里巴巴一样，念一句“芝麻开门”，金钱就会源源不断地装进你的口袋。

我们每个人都是奇迹的创造者，关键是在于你愿不愿意去创造。很多人想要强大富有，但是却没有被自己的这种潜意识所吸引，反而听之任之，不去发挥自己的主观能动性，最后的结果只能是非常可悲的。

日本医学博士兼量子力学专家江本胜通过对水结晶的研究发现，人能发出无形的意识，而这种看不见、摸不着的意识会影响到外在物质，让其发生变化。

江本胜博士的实验表明：如果人们对瓶子里的水发出的潜意识是爱和感谢的时候，瓶子里的水就会变成非常漂亮的六角形结晶；如果人们对瓶子里的水发出的潜意识是愤怒和悲伤的时候，瓶子里的水就会变得非常散乱、破碎。

很多世界著名的量子物理学家经过研究发现，人类的潜意识和宇宙的物质休戚相关。潜意识也是能量的一种，而这种能量能对我们周围的能量和物质产生影响，并且引起变化。

著名科学家爱因斯坦曾说：“想象力是一切！它是你生命中即将被吸引来的结果之预演。”所以，你所发出的潜意识就是你想要的结果，不管这样的结果是好是坏，都是你自己所引发的。

如果我们总是想象天堂的样子，那么，我们的身边就会呈现出天堂的美好；如果我们总是想象地狱的样子，那么，我们将会厌恶身边的所有东西。

中国人常说，相由心生。很多时候，成功也是如此，只有我们心里敢于去想，不断被自己的潜意识所催化，我们在心中才会产生一种奋进的动力。潜能往往会在我们获取成功出现瓶颈的时候出现，从而我们卸下疲惫，向着梦想的远方不断迈进。

临渊羡鱼，不如退而结网

宇宙中没有单一存在的事物，一切事物都是存在相互关联的。我们知道一块磁铁能够吸引另外一块磁铁，就是因为磁铁周围的东西被磁铁同化，产生了磁场，进而吸引到了同类的东西。吸引力也是如此，世界万物都可以消失，只有能量是在宇宙生成时就有的，永远不会消失的。如果把我们每个人都看成一个能量场，那么我们就可以依靠这个能量场，吸引到同类型的东西，这就是所谓“物以类聚”。

《汉书·董仲舒传》中说：“临渊羡鱼，不如退而结网。”如果我们仅仅是停留在想象阶段，那么吸引力起到的作用几乎等于零。既然需要成功，就要努力为之奋斗；既然渴望成功，就要勇敢追寻。

在现实中，无论我们想做什么事情，我们的意识总是活动在最前面。如果我们想要追求成功，首先就应该在我们脑海里形成成功的意识，这样，这种意识激发出我们的吸引力，进而促使我们付诸行动，让我们离成功的目标越来越近。

吸引定律是西方人的惊天秘密，过去知道这个秘密的都是西方的伟大人物，比如苏格拉底、柏拉图、爱因斯坦、牛顿等人。吸引定律具有普遍意义。

吸引定律的核心就是：你的思想意识永远和你面对的现实相一致。我们所要面对的现实是由宇宙中具体的事物所组成的，而我们需要做的，就是把这些事物吸引过来，让它们为己所用。

从我们呱呱坠地那一天起，我们的意识就开始存在了，并且不辞辛劳地开始了它的工作。我们现在所面对的一切，都是我们意识作用的结果。意识就是我们行动的先行，也是吸引力的先行，它可以帮助我们无限趋近于成功。

在我们的一生中，之所以会面临不尽如人意的现实，主要就是由我们的意识引导我们的行为而产生的。这种意识是吸引力定律中不可或缺的重要组成部分。不管你怎样看待吸引力定律，它从古到今都在发挥着作用，你所经历的事情，也都是吸引力作用的结果。

在生活中我们会经历许多许多，工作上被上司批评，生活上事事不顺心，等等。有人会问：难道这些也是自己吸引的吗？那么可以肯定地告诉你，是的！比如你被上司批评，会产生焦躁、愤怒的心理，这种心理会直接影响到你对其他事物的看法。问题的严重性在于，这种相互吸引会形成恶性循环，很有可能引发连锁反应。如果我们继续过分关注消极面，就会吸引到这些消极情绪，让自己走向死胡同。

相比之下，在对待喜欢的事物时，我们意识中就会自然产生一种愿意接受的心理，我们的吸引力就会向这些事物不断辐射出去，想要控制它们，拥有它们。我们怕失去这些美好东西，所以我们每天都想要吸引它们，试图留住它们，这时，你的心里就会害怕，害怕失去。不过事实上往往有这样的情况，你越喜欢的东西就越容易消失，因为你的意识里已经有了怕失去它的这种消极意识，这种担心就会促使你的吸引力消失，让这些美好的事物脱离于你的掌控之外。

一个小女孩的弟弟不幸患了肺炎，但是她的家里一贫如洗，根本没有钱来给弟弟治病，而弟弟的病情却是越来越严重了。母亲抱着弟弟失望得痛哭流涕："你弟弟如果还想要康复，那就只能相信奇迹了！"

女孩搜了一遍全身，只找到了5美分。女孩手中攥着这5美分跑出了屋子，来到了一家百货商店。

售货员问她："小姑娘，你想要买点什么啊？"

小女孩说："我想要买一个奇迹，但是我总共只有5美分，不知道够不够？"

售货员不知道小女孩是什么意思，一时无法回答。

旁边有一个正在购物的男子听到女孩的话，不由得走过来问道：“小姑娘，你能告诉我，你想把买到奇迹用来做什么吗？”小女孩把来龙去脉说了一遍。

购物男子接过小女孩的5美分说：“嗯，你给的钱刚刚好，正好是一个奇迹的价格。既然你这么需要奇迹，那么我就卖你一个，你赶快回家吧！你想要的奇迹马上就会出现。”

小女孩回到家中。没过多久，家门前有一辆救护车开了过来。车到跟前，在商店遇到的那名男子从车上下来，对小女孩说：“我是××医院的院长，我是来还你一个奇迹的，现在我们快带你弟弟去医院吧！”

经过热心院长的精心治疗，奇迹出现了：女孩的弟弟康复了！

其实奇迹并不遥远，我们的意识时刻在左右着奇迹是否能出现。如果我们具有强大的吸引力，并且付诸行动的话，奇迹的出现则是水到渠成的事情。我们已经懂得，潜意识需要什么，就会得到什么；在更多的时候，我们需要的是一种吸引，而这种吸引，指的就是可以吸引到我们身边和我们同类型的人，就像那位××医院的好心院长一样。

凡是认识到吸引定律的人，总是会说吸引定律有这样一个过程，即想法−需求−现实。如果说现实中有无穷无尽的财富，那么，意识就是获得这些财富的必经通道，而吸引力就是吸引财富的必备条件。

我们大多数人都读过《一千零一夜》中“阿拉丁神灯”的故事，神灯里跳出来的巨大精灵总是会重复说这样一句话：“你的愿望就是我的命令。”其实，我们每个人的头脑里都有这样一个精灵，它可以为我们提供一切可以实现的目标，而后，通过我们的吸引力把这些理想变成现实。

《简易经》里所述：“德化情，情生意，意恒动。”意念是生命场与生命信息流体的气机系统。意识能量充足，生命力就旺盛，意识能量不足，生命力就衰弱。

暗示的十字路口，向左走还是向右走

自我暗示分为消极和积极两种，站在暗示的十字路口，面对这两条通往不同的暗示之路，人们是选择向左走，消极对待；还是向右走，积极对面？每个人的选择可能会不同，因此造成的结果也不相同。不同的自我暗示会导致不同的人生走向。例如，当你早晨对着镜子洗漱装扮时，假如看见自己脸色苍白，双眼肿胀，觉得自己的肾脏也许出问题了，所以就会觉得腰酸背痛，这是一种消极的暗示；假如看见自己脸色红润、富于朝气，常常会觉得心情舒畅，这则是一种积极的暗示。

美国心理学家特力夏·诺丽丝认为，人体的免疫系统可以抵御疾病，如果想让免疫系统将它们的作用发挥到极致，就应给给病人树立强大的信心，并加以正确的引导，击败病魔。她用想象疗法为癌症患者进行治疗，疗效显著。

美国耶鲁医科大学的一位教授从事癌症临床手术长达24年之久。通过长期的临床观察，他发现，那些明知患了绝症而仍然积极乐观的人，病情发展得相对缓慢一些，治疗的效果也比较好。与之相反，那些患了癌症之后悲观厌世的人，病情则恶化得很快。由此得出，病人的心理状态和精神面貌会因为想象疗法而发生改变，让人们从心灵深处拒绝癌细胞的生长，从而实现在身体里抵制癌细胞生长的目的。

美国著名作家柯贝尔在1976年春天发现自己患了直肠癌，去医院检查后得知癌细胞已经扩散到了肝脏。但他并不灰心气馁，而是采用了著名肿瘤放射治疗学家西蒙斯坦提出的想象疗法继续与病魔作斗争。他在西蒙斯坦的录音引导下，想象着自己身体里的癌细胞尽管面目狰狞、恐怖，却是一些脆弱腐朽的东西；想象自己身体里吞食病菌的白血球十分强盛，摧枯拉朽，把癌细胞打得落荒而逃；想象身体里所有的癌细胞都从皮肤的毛细孔中流走了……仅仅过了四天，当他去医院接受切除手术时，医生打开他的腹部，震惊地看到他的肝脏居然恢复正常了。医生只切除了他的直肠，他不久就恢复了健康。

由此可见，积极的心理暗示可以在一定程度上给那些生病的人带来身体上的康复。除了具有这种神奇的功效外，自我暗示还会影响着一个人的命运。

人们经常说："所有财富，所有成就，都始于一个意念。"这里所说的意念即自我暗示。同样的道理，所有贫弱，所有失败，也都始于一个意念。也就是说，我们每个人有怎样的心理暗示，就会因为这个意识而决定了自己的行为和选择。每个人的强与弱、是富是贫都和暗示有着密不可分的关联。之所以我们强调要给予自己一些积极的心理暗示，是为了帮助自己树立积极的自我意识，进而引导自己做出正确的选择和积极的行动。因此，我们要不断进行积极的自我心理暗示，塑造一个成功的人生！

人生的成败、命运的走向，往往会受到自我暗示的影响。只有具备积极的自我意识的人，才能在风险和苦难面前看见机会和希望，并坚持利用积极的自我暗示，利用积极的态度和行为去战胜生活中的一切苦难，最终改变命运，获得成功。

约翰是一个美国黑人小孩，由于家境贫困，他从五岁开始就帮着父母干活。小约翰有一位与众不同的妈妈，她经常和儿子谈论她的梦想："约翰，我们不应该如此贫穷，这不是上帝的旨意。我们之所以贫穷是因为你爸爸从来没有想过发财致富，我们家庭里的任何人都没有产生过改变命运的想法。"妈妈的话在约翰的心灵深处留下了深深的烙印，以致改变了他的人生。

长大后，约翰决定经商，开始在一家肥皂公司当推销员，整整推销了12年肥皂。后来他听说供应他肥皂的那家公司不久就会拍卖出售，售价15万美元。他当时只积攒了2.5万美元，虽然很悬殊，但是他坚决要购买。双方协商，他先交2.5万美元作为保证金，如果余款没有在10天之内交齐，他就会失去2.5万美元的保证金。于是，他四处奔波，到处借贷，请人帮忙，到了第九天，还差一万美元。这真是成败在此一举的关键时刻，怎么办呢？

约翰找遍了所有认识的人，却毫无收获。深夜，他开车驶过了几个街区，看到一所承包商事务所还亮着灯光。他走了进去，看见在一张写字台旁边坐着一个由于深夜还在工作而劳累不堪的人。约翰有点儿想认识他，同时意识到自己不得不勇敢点儿。他开门见山地问："你想一举就赚到1000美元吗？"承包商吓得往后一仰："当然！"那么，开一张1万美元的支票给我，当我还回这笔借款时，我将支付给你1000美元的利息。约翰考虑到对方不会轻易相信他，就把其他借款人的名单给对方看了看，并且详细地解释了这次商业冒险活动的情况，从而博得了对方的信任。

如此一来，约翰在紧要关头筹集到了1万美元，成功地买下了那家肥皂公司。他努力经营，之后又得到了七家公司的控股权，变成了百万富翁。每当人们问他成功的秘籍时，他就用妈妈的话作为回答。

妈妈对约翰的启发和鼓励，就是积极的人际暗示，从而帮助他形成了积极的自我心理暗示。正是因为坚持了积极的心理暗示，约翰把自己的渴望、梦想、价值观念、奋斗目标都深深地烙在了潜意识里，并主动果断地采取行动、付出代价，朝着自己期望的目标一步步前行，最终获得了成功！显而易见，上帝和客观因素无法决定人们的命运，真正决定人们命运的往往是人们的心理态度。

第二章
心理暗示力：别人眼中的自己存在吗

需要决定价值。有价值的人才会被别人看作利用的对象，因为对方需求的满足点很高，而你可以达到他这个高要求的满足点；反之，达不到别人要求的满足点的人不会被别人看作利用的对象，因为其自身价值不够高。只有高价值的人或高价值的交换物才能做到交换利益时候的等同交换，那样对方和自己都可得到高度的满足。心理暗示力告诉我们，你要学会掂量一下自己在别人的心中究竟有几斤几两？

天才也是上帝咬过一口的苹果

生活中，你是否会因为自己不够漂亮而自卑于人？你是否为自己的身材不够健美而气愤不已？面对自己的缺陷，不少人会自怨自怜，甚至想方设法地遮掩，害怕别人笑话自己。

其实缺陷既无法抗拒，又难以遮掩，这样做反而会使人感觉虚伪、不真实，尤其可怕的是当我们对自己表现出否定和抗拒时，热情与欲望就会被无情地压制了，如此内心的正面能量就很难被激发出来。

所以，我们要学会坦然接受自己的缺陷，和不完美的自己握手言欢，如此才能平复心海浊浪，淡化心中的烦恼。这样一来，有所作为的心灵才能真正开始行动，有价值的人生内容也就从此展开了。

要知道，上帝非常吝啬，也非常公平，他绝不肯把所有的好处都给一个人。不是有一句话这样说吗：“每个人都是上帝咬过的苹果。”每个人，你、我、他！这样的比喻是何等的新奇而幽默，又是多么的豁达乐观，它来自一个盲人的故事。

一个人自来到这个世界时就双目失明，他从小便为自己的这一缺陷而自卑不已，认定这是老天在惩罚他。他不敢见人，整天将自己关在家里，浑浑噩噩地虚度人生。可是，因为一次偶然的机会，他的这一思想竟然得到了彻底改变。

原来，这位盲人遇到了一位智者，智者对他说了这样一番话：“缺陷无须掩饰，要知道世上每个人都是被上帝咬过的苹果，我们都是有缺陷的人，有的人缺陷比较大，是因为上帝特别喜欢他的芬芳，多咬了一些。”

听了智者的话，盲人犹如醍醐灌顶，心情顿时开朗起来，从此他不再自卑于失明，而将这看作上帝对自己的特别厚爱，开始振作起来，并且主动出门学艺。若干年后，他成为了一位德艺兼备、远近闻名的推拿师。

没有什么比自己更重要，无论是什么样的自己，带着什么样的缺陷，都是最宝贵的自己。当你与现实中的残酷相遇，当你的缺陷与这个世界不相匹配，能够保护你的只有你内心的自我。

有一句话说：“我从不曾崩溃瓦解，因为我从不曾完美无缺。”记住，缺陷既然已经属于你，就没有人能帮你弥补。只有真实地面对它，学会与这个“残缺”的自己和平共处，才能实现自己人生的应有价值。

退一步讲，以豁达乐观的心态来面对缺陷，也不失为人生的另一种完美。就像世界著名雕像维纳斯一样，虽是断臂却产生了震撼人心的力量，留住了卓绝于世的美丽，成就了独一无二的经典。

有这样一个真实的故事。

1976年，乙武洋匡出生在日本东京。从他降生的那一刻起，上帝就跟他开了一个最残酷的玩笑，他被医生判定为“先天性四肢截断症”，换句话说，就是他没有双手，也没有双脚。乐观善良的父母从不认为乙武洋匡是残障者，不但不刻意帮助他做任何事，还将他送进普通的学校。

受父母的影响，乙武洋匡自信又独立。在别人眼中，也许觉得他既可怜又可悲，但乙武洋匡认为，人生不会因为有手有脚就变得完美，也不会因为身体的残障就注定不完美。既然上天给了自己这么独特的身体，这个身体就是自己的特征，也是自己的长处。正如乙武洋匡所说：“世界上既然有残疾者做不到的事情，也必然有唯有残疾者才能做到的事情。上天是为了让我完这个使命，才赐给我这样的身体。”如果不发挥这个长处，那岂不是太浪费了？

之后，乙武洋匡以乐观当双手，以自信当双脚，走上了文学创作之路。1998年，他出版了自传《五体不满足》，其中有一句这样写道：“一个人没有手、没有脚，不是什么可奇怪的事。只要把残疾当成自己身体的特征，你还有什么可苦恼的呢？”通过该书，乙武洋匡用自己的存在深切表达了对生命的礼赞与敬意。短短七个月，该书的销量就达到了420万册，成为日本第一畅销书，使乙武洋匡一举成名。

由此可见，身体存在缺陷并不可怕，重要的是你敢于接受并正确面对。不遮遮掩掩，积极乐观地去面对，并且坚信自己的世界很美丽，缺陷就不会成为扼杀自己内心力量的“杀手”，反而还会成为强大内心的动力。

我们每个人都是不完美的，“世上每个人都是被上帝咬过的苹果”，如果上帝特别爱你，他会狠狠地“咬了你一大口”。当你还纠结于自己身上的某个缺陷时，不妨想想这句话，心中便会豁然开朗、滋生力量。

幸福的红头发——安妮

童年的记忆里，也许有这样一本书陪我们每个人度过了一段美好的时光，书中那个充满想象力的红头发女孩也因此成了我们童年时代的偶像。这本名叫《红头发安妮》。故事是这样的：

安妮是一个父母双亡的孤儿，她的童年被辗转寄养在不同的人家。进入孤儿院以前，收养她的人家无一例外地把她当成一个成人般的劳动力。后来，她在孤儿院里度过了一段短暂又乏味的时光后，阴差阳错地被绿屋的一对兄妹领养。

11岁的小安妮身材干瘦，长了一头红发，脸上还有不少雀斑。本来安妮被领养就是传达者的失误，加上长相并不可爱，一开始她并不讨人喜欢。像个精灵一般的安妮总是有着用不完的想象力，很多时候，她都把自己的形象想象成胖乎乎的、一笑脸上就能出现两个酒窝的可爱女生。在她的世界里，周边景象的美丽也总是被无限地放大，甚至她呼吸的每一口空气都无比美妙。就这样，她慢慢地用自己的善良和乐观感染了身边的每一个人。

安妮就是这样一个在任何境遇下都不放弃自己的梦想和希望的女孩。她自尊自强，通过自己的努力和真诚，不但得到了收养她的绿屋兄妹的喜爱，而且也赢得了老师、同学和周围人的敬重和友谊。

也许有人会问，安妮为什么能得到所有人的喜爱？那是因为她从来没有因为命运的捉弄而放弃自己。相反，她爱自己，也爱给她生命的这个世界。如果我们每个人的心里都住着这样一个安妮，生活会不会美妙很多呢！

可事实上，很多人觉得自己拥有像安妮一样的不幸，却无法像安妮一样找到属于自己的幸福。是运气所致吗？还是因为不够爱自己呢？

每个人的生命都像是一次旅行。旅途中会遇见很多人，会发生很多事，会有各种各样的磕磕碰碰，也会受伤，也会愈合。谁都要经历痛苦，谁都要面临生命的不完美。

旅途中我们遇到的很多人，有不经意给你伤害的，也有借你肩膀的，但人来人往，谁也不知道下一个路口谁会离开，谁会同行。这段旅程，只有自己，一直同路，永远同行，一刻也不离开。最有力度的爱永远是自己给自己的那一份。

只有拥有一颗爱自己的心，才有一份自信的美丽。这份美丽将散发在你经过的每一个角落，感染遇见你的每一个人。也许你不曾发现，那些对你微笑的人，都是因为感受到了你同等分量的发自内心的微笑，那便是爱的潜能。

相反，一个无法爱自己的人，他的人生必定黯淡又苦闷。如果别人无法在这个人的心灵找到光明的入口，又怎么会花尽心思去点亮一盏永远不可能发光的灯？一个无法爱自己的人注定要感受周而复始的孤独，更不可能明白如何去爱别人。

如果，你可以坚持每天对自己微笑，每天和自己对话，做自己的朋友；倘若，你爱自己，坚定的相信自己，能够做到坚毅勇敢。那么，你一定能成为世界上最幸福的“安妮”！

你的驴子，骑不骑

我国著名的国学大师翟鸿燊曾说过：“一个人，自己如果没有独立的思考方式，就难免总会陷入别人的游戏规则中去。”在这里，翟鸿燊是告诉我们，一个人要想很好地存在于世间，就应该树立自己的行事原则或目标，否则，只会被别人的思想和眼光左右，陷入别人的游戏规则里去，结果只会为了实现别人的目标而将自己搞得身心疲惫。

有这样一则故事：

有一位老农夫，带着他的儿子，赶着一头小毛驴去到集市上做点小买卖。父子两人都是没有行事目标的人，平时特别在意别人的看法。走了没有多久，便看见了一群姑娘坐在路边大声的说笑，其中一位姑娘指着他们大笑着喊道："快看，这两个傻瓜，有驴子不骑，非要自己走着。"农夫听了心里很不是滋味，立刻就吩咐自己的儿子骑到驴背上去，他自己在后面跟着。

一会儿，他们又遇见一群老人，老人们都摇头哀叹："哎呀，现在的孩子真的是一点孝心都没有哇，你们快看看，他自己骑在驴背上，却让自己年迈的父亲在后面跟着啊，真可怜哪！"老农夫和儿子一听，赶快换了下位置，农夫骑上了驴，儿子则在后面跟着。

又这样走了一会儿，一群带着孩子的女人看见了她们，这些女人们愤愤不平地说："快看那个可怜的孩子，遇上这么个狠心的老头儿，自己贪图舒服骑着驴，却让孩子在后面走。"农夫一听，赶忙叫过儿子，让他和自己一起骑在驴背上。

快到集市时，一群城里的人大声叫道："大家来瞧，这头驴多惨啊，竟然驮着两个人！这头驴是他们自己的吗？"还有人说道："哎呦，这么骑驴，这驴都快被累死了！"农夫和儿子听见了赶快都从驴背上跳下来，最后他们想了个办法：用绳子把驴的四条腿绑在一起，用一根棍子，父子俩一前一后抬着驴向前走。

当他们终于到达集市的时候，已经累得气喘吁吁了，这个时候集市入口处的一群人看着父子俩抬着驴的样子，觉得十分新鲜，都开始哄笑起来。他们的笑声吓到了驴子，驴子奋力挣脱了，开始乱撞乱跑，一不小心一头扎到河里被河水卷走了。父子俩最终空手而归。

农夫和他的儿子因为缺乏自己的行事原则和行事目标，任由他人支配，最终得到的只能是懊恼和羞愧。在现实生活中，许多人也会与那个农夫一样，缺乏必要的行事目标，别人如何说，他就会怎么做，结果只会弄得周围的人都有意见，而且谁都不满意。所以，在生活中，我们做任何事情，一定要有自己的原则和目标，切勿被他人的流言或想法左右。

如何走自己脚下的路，如何去过你自己的人生，都是你自己的选择和决定，完全没有必要在乎别人的看法。任何人的看法和建议都不能从实质上改变什么。正确的看待流言蜚语，坚定自己的立场，冷静地思考，这才是懂得珍惜自己、珍惜人生的人，也唯有这样的人才能生活得更加真实、快乐！

玛丽是一家广告公司的职员，她与同事安妮是好朋友。后来，玛丽凭借自己在业务上的成就，做到了销售部管理者的职位。但是，正当自己欣喜的时候，却收到了来自好朋友安妮的意外之“礼”。

玛丽与安妮共同负责一个来自国外客户的关于新产品市场推广方面的新闻发布会，因为事前玛丽对客户提供的新产品的资料作了详尽的了解，她提出的一个推广方案得到了客户的赞赏，客户要求要与她单独见面。当时，玛丽也能感到安妮的尴尬，想去安慰她。但是她后来又想，以她们之间的亲密关系，安妮应该是不会介意的。

但是，第二天上班后，玛丽听到所有的同事都在小声地议论她。后来，她才得知是自己的好朋友安妮散布的谣言，说自己昨天与客户在酒店交谈，彻夜不归。看到同事们都在用异样的眼光看自己，玛丽感到十分揪心。随后，这件事成为其他同事茶余饭后的谈资……玛丽当时内心有点儿委屈。但是她有自己的做事原则，那就是只要自己是清白的，别人怎么说那只是别人的看法。

随后一段时间，大家也觉得安妮所说之事经不起推敲，也就没人再提起此事了。几个月后，玛丽因为业绩突出，又被升了职。

玛丽因为内心有自己的行事原则，不被他人的流言左右，成为自己真正的主人，所以能遇事不乱，慎言慎行，并最终再度被升了职。所以，在生活中，我们也要树立自己的目标，确定自己的处事原则。要知道，没有一个人的生活与自己是完全相同的，自己的思想是独一无二的，我们理应接受它，这样才能活出真正的自我，真正的精彩和惬意。

康德说："每个人都是自己的主人。"他想要表达的就是，每个人都有自由支配自己生活的内在自主权，这个自主权不受任何人，任何事物的影响。也就是说，我们每一个人根本不需要别人主宰你的生活，因为你可以自由的支配自己的内心。若是你一味的强求自己顺从别人的意念，或者非要别人顺从自己的意念，那么这个内在自主权在我们生活中起到的力量便会大大的削弱了。若是你本身已经遗忘了你所拥有的这个自主权，那么你也就非得要在别人的赞美之下才能够快乐生活了。所以，要做自己的主人，就要尽量靠自己内心的信念来支配自己，无须为别人的任何意念或要求左右。

生气？他的错误与我何干

有句名言是这样说的："生气，是用别人的错误来惩罚自己。"

人非圣贤孰能无过，人人都有犯错误的时候，不如意的事情也时有发生。面对这些，是选择用怒火点燃战争，还是选择用冷静解决问题，两者产生的效果是截然不同的。

一天，有一个婆罗门突然闯进了佛陀的住处，原因是同族的人都到佛陀这儿来出家了，这让他非常生气。

婆罗门无理地对着佛陀大骂，而佛陀只是在一旁默默地听着，等婆罗门稍微冷静一些的时候，佛陀才开口说道："婆罗门，你家时常有客人来访吧？客人来的时候，你会款待他吧？"

"当然，你这样问是什么意思？"婆罗门不解地问。

“那假如客人不接受你的款待，那些美味佳肴该如何处理呢？”

“客人不吃，当然是我自己吃了！”

佛陀笑了笑，又说道：“婆罗门，你今天说了我这么多坏话，如果我不接受它，那这些谩骂全都归你自己了。可是，如果我也像你一样恶言相向，岂不是与你主客共餐，所以我不接受这佳肴。”

婆罗门听了佛陀的这番话，觉得很惭愧，于是出家佛陀门下，成为了阿罗汉。

对别人生气就像是请客吃饭，如果客人不接受你的款待，这些饭菜就还是你自己的，没有谁会来分担，最后全部都要自己来消化。有时候别人不一定犯了什么大错，只是不小心触及了你的利益，然后你就不分青红皂白地把怒火发泄到别人身上。通情达理的人，也许还能理智地与你解释；若同样是肝火旺盛的人，想必一场口舌之战便难免了。如此，只会把矛盾愈演愈烈，对解决问题没有丝毫帮助。在面对误会时，应该先从自己身上找原因，首先看看是不是自己的过失，如果是，就要及时改正；如果不是，也不要冲动、动怒，应该找个适当的时机心平气和地与对方商量如何解决问题。这样，你不仅在别人眼里是个豁达、大度的人，而且也会让自己的生活也会变得更加轻松、美好。

如今，很多人总是感叹活得太累了！似乎每一天都生活在疲惫中。然而，有一位古稀老人却悠闲地微笑着，用不太标准的普通话说：“做一个好人其实很容易，拥有一个幸福的人生其实也很简单：一是不要拿自己的错误惩罚自己，第二是不要拿自己的错误惩罚别人，第三是不要拿别人的错误惩罚自己。有这么三条，人生就不会太累了。”说完，她笑了笑，用手捋了捋额前的白发，满脸的从容。

道出这“人生幸福三诀”的老人名叫张允和。她的丈夫是著名语言学家周有光，妹夫是大文豪沈从文。张允和老人在年轻的时候也曾颠沛流离，也曾死里逃生，而正是人生的苦难与艰辛让她有了这一份豁达与从容。

“不要拿别人的过失惩罚自己”，也许很多人会说：“我从来不是这样的人。”其实，每个人都曾经或多或少地拿别人的错误惩罚过自己。只要是愤怒过、生气过的人，不见得都是出于自己的过错吧！凡是与人斗过嘴、拳脚相向的人，并不见得都是见义勇为吧！如果不是，那都是用别人的错误惩罚自己。

所以，遇到了问题不要生气，因为生气解决不了问题，开动脑筋才是解决问题最好的方法：受到欺骗也不要生气，应该去用理智战胜鲁莽，用智慧让欺骗者得到他应有的惩罚；被人误解也不要生气，可以解释清楚的就解释，解释不起作用，就交给时间和事实去证明；与人争辩事理受阻时也不要生气，一旦生气就证明自己已经败下阵来，真理不会因为谁大声就倒向谁，反而更容易让别人轻易洞察到你的弱点。

央视主持人朱军说过这样一句话：“得意时淡然，失意时坦然！”世界纷繁多变，你或许没有能力改变当前的环境，也没有力量去改变其他人，但是你唯一可以改变的是你自己；你甚至也无法改变自己的性格，但至少你可以改变自己的态度。

用一颗平和的心对待他人，也就是善待自己，何必拿别人的过失惩罚自己呢?

利用我吧！把我发挥到淋漓尽致

我们常会听到有人这样说：“我被某某利用了。”说出这样的话来的人一定是愤愤不平或者黯然神伤，仿佛遭到了别人的戏耍，被别人踩着自己的身体摘到了胜利的果实，赢得了荣誉，而自己只是一块垫脚石而已。

不过，换个方向想想，能被人利用，就表示自己有值得被利用的价值。虽然看似只有别人得了益处，其实自己的能力也得到锻炼，自己的努力受到了肯定，已经从中获益。

人不喜欢被人利用，主要是觉得自己傻乎乎的受人愚弄，只有付出没有回报。实际上，在你努力的过程中，你已经收获了很多。

在奋斗过程中，要积累的并不只有财富，还有自身的修养、对生活的理解，以及不断建立的人际网络。有形的财富不会永远伴随你，现在有钱，不代表将来也有钱；现在没钱，也并不代表将来挣不到钱。

积沙成塔，集腋成裘。工作与生活中点点滴滴的积累，会汇集成长久灌溉心田的河流，而你的人生价值也会发生由量变到质变的飞跃。今天播下的种子，今天也许还看不到花开，但今天的付出，一定会在未来收获的累累硕果中体现。

星云大师推行佛教人间化，他就是一个不怕被人利用的人，他本着“给人利用才有价值”的理念，心甘情愿地为人所用，在被人利用的过程中，开拓了自己人生的无限“价值”。

初到台湾时的星云大师居无定所，却经常随喜帮助别人。他帮助兴学的人教过书；协助办杂志的人理过编务；帮助讲经的人招募过听众；帮助建造寺院的人化缘筹措资金……甚至经常不怕出面做“坏人”，帮助一些不愿开罪别人的老法师发表公开言论。因此，一些同道笑说他总是被人利用来打前锋，当炮灰。星云大师不以为意，遇到类似情况还是心甘情愿地被人“利用”。

在佛光山创办佛学院的星云大师，曾经招收过二三十名小沙弥。在他不辞辛劳地将小沙弥抚育成人后，有些沙弥的父母竟又来强行将孩子带了回去。很多弟子都为幸运大师感到难过，纷纷劝星云大师不要再接收小沙弥了，因为孩子的父母不过是自己不愿意抚养孩子，而利用星云大师代替他们抚养。但是星云大师却并没有介意，还是照样接收小沙弥。在星云大师眼中，即使父母带走所有的小沙弥，他们从小耳濡目染佛法，至少长大后也能明白种善因、得善果的道理，从而多行善事而不会做出伤天害理的事来。这种教育无论对个人或对社会而言，都是很有价值的。

星云大师在高雄开创佛光山佛学院，没过多久，周边以“佛光”为名的各种店铺如同雨后春笋般冒了出来。甚至于还有些地方以“星云”来为大楼命名。徒众们都十分不满，建议星云大师出面阻止。星云大师却说：“诸佛菩萨连身体脑髓都要布施了，一个名字也算不了什么！我们的名字能够给人去利用一番，也表示自己很有价值啊！”

初到宜兰传教时，星云大师曾举办多种活动向青年人传教。有些年轻人并不喜欢定期修法，因为他们觉得很枯燥，但是他们又喜欢唱歌。有人劝星云大师不要白费心机，说：“这些青年没有善根，只是贪图有歌可唱，或想免费补习国文，预备将来考学校已！他们不是真心信仰佛教的！”星云大师一笑置之，说：“即使如此，我也愿意成就他们，被他们‘利用’。”

没想到后来，一些参加活动的青年真正皈依了佛门，有的还成了佛教界的翘楚，无意中达到了星云大师最初“弘扬佛法”的目的。

星云大师凭借海纳百川的气度和甘愿“被利用”以实现自身价值的胸襟，赢得了众多支持，拥有数百万信众，出家弟子千余人，并且都是来自世界各地的徒众。1991年，国际佛光会成立，星云大师被推举为国际佛光会世界总会会长。

有时候你被别人利用也是自身价值的一种体现，因为没有价值的人是不会被其他人利用的。所以如果被人利用，不必懊恼难过，反而应当为你自身的价值得以展现而感到骄傲。没有利用价值、不被需要的人才是可悲的，社会竞争中首先被淘汰的就是这些不能为别人带来价值的无用之人。你的能力、你的价值正是通过被他人利用而体现出来的。有利用价值，能够为他人带来价值，正是老板们对好员工的衡量标准。你能给别人带来的越多，也就越受欢迎。

其实，很多时候人与人之间就是相互利用的关系，相互利用就是相互满足对方的需要。所谓“互惠互利”、“互相帮助”，都是在倡导互相利用。相互利用是为了相互依存，只有被他人利用了，才能体现出自身价值，自己也有了利用他人价值的理由。要想利用他人，首先就要被他人利用。不能被他人利用的人，也无法从他人身上获得利益。

需要决定价值。有价值的人才会被别人看作利用的对象，因为对方需求的满足点很高，而你可以达到他这个高要求的满足点；反之，达不到别人要求的满足点的人不会被别人看做利用的对象，因为其自身价值不够高。只有高价值的人高价值的交换物才能做到交换利益时候的等同交换，那样对方和自己都可得到高度的满足。

不要懊恼被别人利用了，能够被人利用并不是一件坏事，我们每个人都好像社会大机器中的一个小零件，只有相互借力，机器才能运转。任何人如果想拥有广泛的人际关系，就必须要使自己有可被利用的价值，不仅包括你所拥有的专业知识、专业技能或者其他资源，更重要的是要有一颗不怕付出、愿意被利用的心。

正如星云大师所说，我们不必去斤斤计较谁利用了谁，谁被谁利用了，世间一切事物都有因果关系，能与人分享自己的成果，才能将“利用”发挥得淋漓尽致。

嘲笑吧！这是我飞驰的动力

培根曾说过：“一个人从另一个人的诤言中所得来的光明，比从他自己的理解力、判断力中所得出的光明更是干净纯粹。”常有人批评与嘲笑自己，这会给自己敲响警钟，避免走弯路，少犯错误或不犯错误，是好事。俗话说得好，当局者迷，旁观者清。下棋时，观棋人在旁边指点一下，下棋人可能就会恍然大悟。不能接受别人意见和批评与嘲笑的人，必然不能够更快地进步。因此，面对批评与嘲笑时，我们应该虚心接受。

抗战时，清华、北大、南开南迁昆明，建立了西南联合大学，很多当时的文化名流都齐聚昆明，可谓是昆明有史以来的一场文化盛宴。在众名流中，有一个不受云南欢迎的人，他就是被作家施蛰存称之为“被云南人驱逐出境”的李长之。是什么原因让李长之被驱逐出境呢？就是因为他提出了一些可贵但逆耳的意见。

毕业于清华大学的李长之，1936年留清华大学任教，次年秋天赴滇任教。李长之才华卓越，其专著有荣获学术界高度评价的《中国文学史略稿》、《批判精神》等。来昆明不到半年时间的李长之写了一篇短文《昆明杂记》，随即引起了轩然大波，以至于被云南人驱逐出境。为什么才华出众的李长之会招致如此恶果？原来，在这篇杂文中，昆明人根本找不到夸赞云南人的词语，也找不到赞美云南美景的语句，看到的只是批评与嘲笑和指责，惹得云南人大为恼火。当时昆明大大小小的报社都发表文章，对李长之群起而攻之，李长之自知待不下去，只好卷铺盖走人了。

《西南联大在蒙自》是余斌先生所作，他在文中这样评价李长之事件：“李长之尽管恃才傲物，话说得偏激一些，虽有以偏概全之嫌，倒也非凭空捏造，昆明人那时不知为什么竟有点儿反应过度。”

针对“李长之事件”，楚图南先生后来说道：“来到云南的学者名流，对于云南的印象总是冠冕堂皇地一套恭维，如云南天时气候如何、人民性质如何、社会秩序如何之类，照他们说来，云南真好得像天堂一样。但情况并非完全如此。云南固有得天独厚之处，但也有许多不足。真有自尊与自信者，就不应讳疾忌医，害怕批评与嘲笑，哪怕批评与嘲笑很严厉，有些过火。”

针对当时的状况，楚图南先生还写道：“那只是反映了云南社会落后、幼稚、无知，才有着这种需要，需要表面的恭维，无论真心也好，假意也好，至少反映了云南还不能容纳真实的批评与嘲笑，无论是在极细微的地方。也就是云南还没有对人尊重和对学术宽容的雅量。”

余斌先生也针对当时的状况很有感触地说：“你爱夸耀云南是什么什么王国，人家就送你一顶又一顶‘王国’的金冠，你说云南民族文化丰富多彩，人家就说确实丰富多彩。但你能听懂此话背后的意思吗？这王国那王国，不就是些资源吗？所谓丰富多彩，不就是色彩斑斓下面的落后吗？”通过表面看本质，许多学者已经看到了侮辱和欺骗就藏在恭维背后。

这件事虽时隔多年，但也为我们后人提了个醒：一定要正确对待批评与嘲笑，如果提出批评与嘲笑的人的出发点是好的，即便他们的批评与嘲笑有些过头，也不要对其怀恨在心。要学会宽容大度和包容，然后去反思自己不对的地方；要容得下“李长之”式的人在自己的身边。

想要进步，就要敢于虚心接受批评与嘲笑。能够接受建设性的批评与嘲笑，并且有则改之、无则加勉，这种表现就很成熟。

你的朋友、同事或者家人，就像是一面明镜，他们能随时指出你的缺点，随时给予你必要的批评与指正，从而给你前进的动力。有时候，身边一些人的批评、嘲笑和意见，虽然听起来有些尖酸刻薄，但当你冷静下来仔细想想，认真地分析分析，就会发现他们所言不虚。

所以，在面对批评与嘲笑时，请大度地去对待。要知道，批评与嘲笑能帮助自己改进工作，克制情绪，完善自我个性，让心态走向积极的方向。如此一来，就可以将批评与嘲笑转化为动力，让自己迈向成功的速度加倍，更加快速前行。

请冲破自身固有的思维禁锢吧，用一颗宽容之心去对待批评与嘲笑，对批评与嘲笑的人所提出的意见充满谢意，虚心承认自己不足的地方，那么你在今后的人生道路中必然会有所作为。

勿盲目攀比，扮演好自己的角色

生活中，很多人的烦恼往往都是因为攀比而产生的，如果一个人总是拿自己的缺点去和别人的长处相比，就会觉得自己什么都不如别人，从而使自己陷入自卑和烦恼。

健康的人很少关心自己的身体，即使有一个良好的体魄他也并不会因此而感到幸福，而疾病患者却深深体会到健康的重要性；穷人常常觉得有钱了才叫幸福，而有钱人却认为轻松自在、无忧无虑的生活才是幸福；爱攀比的人总是遥望着虚不可及的别人的美好，而看不到自己已经把握在手中的幸福。

英国伟大的哲学家、文学家培根曾经说过："一切恶行都围绕着虚荣心而行，都不过是满足虚荣心的手段。"攀比很大程度上是由虚荣引起的。俗话说："人活一张脸，树活一层皮。"很多人为了"面子"不切实际地盲目攀比，甚至不惜打肿脸充胖子，以致迷失在无谓的攀比中。

有这样一则寓言：

一只牛在草地上吃草，没留神踩死了几只小青蛙。

一只侥幸从牛蹄下逃生的小青蛙找到了青蛙妈妈，告诉它，那些小青蛙被一个庞然大物踩死了。

"很大？"青蛙妈妈开始把身体鼓起来，不服气的说："有这么大？"

小青蛙回答说："噢！亲爱的妈妈，那只大野兽要比这个大得多。"

"那么有这么大？"青蛙妈妈深呼吸，肚子更加的鼓了。

小青蛙说："就算涨破了你自己，还没有那家伙一半大。"

不服气的青蛙妈妈把自己涨得像圆球似的，"这次该和它一样大了吧？"没等说完，青蛙妈妈已经涨破了身体。

青蛙和牛本身就有很大的差别，牛即便再小也要大过拼命将自己吹胀的青蛙。认不清自己的位置，胡乱攀比，只是自取灭亡。

一个人不能认清自己，就很容易陷入彻底的盲目。牛顿曾经说过一句谦虚自知而又充满智慧的话：“我看的远，是因为我站在巨人的肩膀上。”

每个人都有自己的优点和缺点，正所谓“梅须逊雪三分白，雪却输梅一段香。”顽强的常青树往往无花，娇艳欲滴的花朵却往往无果。没有永远的失败者，亦没有永远的赢家，切莫盲目地攀比，失去了内心的平衡。眼光少在他人身上投放一些，多多关注一下自己，人生便会增添更多的快乐。有句话说得好：“与他人比是懦夫的行为，与自己比才是真正的英雄。”

在竞选一个重要职位中，一个各方面都很优秀的女孩输给了一个名不见经传的应届毕业生。这位毕业生各方面平庸无奇，并不出众，可以赢得这个职位的原因很简单：她是副县长的女儿。

输掉职位的女孩相当的不服气。回到家里，她气呼呼地把事情说给做了一辈子农民的老父亲听。父亲并不言语，听完了女儿的抱怨与诉说之后，起身拿了锄头吩咐女儿和他一起去地里锄豆子。

老父亲在村西的岗地里种上了豆子，岗下是同村王叔家的花生田。由于岗下的土地本身就比较肥沃，所以花生郁郁葱葱地生长在下面。

父亲向岗下面指了指问女儿：“那里是什么？”

“花生地啊。”女儿不解。

“那这里呢？”父亲指着岗上自己家的地。

“豆子地啊。”女儿更加的迷惑。

“这两片地哪片庄稼长得好啊？”

“自然是岗下的花生地长的好！”女儿比较了一下说。

父亲缓缓地说道：“豆子不是花生，花生不是豆子，两样东西不同怎么能比出好坏来呢？”

看着女儿还是不理解，父亲又说道：“你说，咱们家的豆子能长出花生来吗？”

“自然不能。”

“那岗下的花生地能结出豆子来吗？”

“这个，也不能。”

“是啊！就像种瓜得瓜种豆得豆的道理一样，不能胡乱与人攀比。做好自己的分内事就行！”

这位老父亲是睿智的，他用生动朴实的例子告诉女儿：每个人都在生活中扮演着属于自己的角色，盲目攀比的结果只会是迷失自我，最终给自己带来不必要的烦恼。

每个人因背景不同，所以人与人之间的差距还是很明显的。有攀比心理很正常，如果通过攀比能让自己进步或是努力，也算是一件好事。如果因一味的攀比看不到自己的长处，只看到自己的短处，继而抱怨、愤怒、心生忧愁和怨恨，甚至萎靡不振，那样便得不偿失了。

“人贵有自知之明。”也就是说，对待自我要有一个正确全面的认识，知道自己的优点和缺点，在待人处世时扬长避短，使自我的优势得到最大的发挥。这样就会慢慢形成一种良好的心态，凡事量力而行，不强迫自己。

因此，我们每个人的心中都应该放一把客观公正的尺子，既不夜郎自大，也不妄自菲薄，了解自己的角色，才能做回真正的自己。

第三章
自我暗示力：我是天才

世上每一个人都渴望成功，都希望自己拥有一个成功的人生，然而在迈向成功的过程中我们往往遭遇各种各样的困难。在这个时候，人们就会在心里这样询问自己：“还有必要坚持下去吗？我能行吗？”就这样，我们在不经意间给自己注入了消极的心理暗示。纵观古今中外那些成功人士，无一不拥有强大的积极心理暗示能力。所以，我们要常常对自己说：“我能行，我一定会成功的。”

每天告诉自己，我是多么重要

也许你觉得自己没有做出惊世之举的能力，从心底认为自己是个凡夫俗子，但这些并不是左右你人生的依据。要知道，每一个生命都来之不易，我们要珍惜与热爱自己的生命，还要承载自己的责任，接受与付出爱。

在父母面前，我们就是被疼爱的对象；在爱人面前，我们就是那风雨同舟、相互扶持的典范；在子女面前，我们就是他们的保护伞；在朋友面前，我们就是推心置腹的对象；对事业而言，我们就是其独具匠心的一份子……

面对这么多无法拒绝的理由，我们没有权利和资格说自己不重要，而应该有勇气告诉自己——“我很重要”。通过这种心灵暗示，引导自己内心的强大。任何时候都不要看轻自己，要无比重要地生活。

只要不将自己看轻，通过心理暗示引导自己走向强大，你就不会被别人小看，这样的你也就离成功不远了。是的，“我很重要”，经常如此暗示自己，很多时候你的人生会由此揭开新的一页，绽放出美丽的光彩。

受“二战”的影响，战后的日本经济严重衰退，失业人员数目庞大。一家玩具生产公司濒临倒闭，为了减少成本支出，经理决定裁掉“不重要”的人，3种人名列其中：清洁工、司机、无任何技术的保安人员。随后，经理把这些人叫到了办公室，找他们谈话，说明了自己裁员的意图。

“经理，您不能辞退我们，我们很重要！”清洁工第一个站出来反驳道：“是的，我们很重要。如果缺少了我们清洁工，工作环境根本就谈不上健康有序，在这样糟糕的环境下工作，员工们怎么可能会百分之百全心付出呢？”

“经理，您也不能辞退我们，我们也很重要！”司机也站了出来说道：“我们生产的产品大部分是要销往外地市场的，没有我们司机去运输产品，公司也就失去了市场，公司还怎么发展呢？您说是吧？”

“他们都很重要，但我们也很重要，您也不能辞退我们。”保安人员挺直了身板，一字一句地说：“我们很重要，战争刚刚过去，许多人流落街头，如果没有我们，这些产品岂不要被流浪街头的乞丐偷光！”

经理觉得他们言之有理，经过再三考虑，决定重新制定管理策略，不再裁员。后来，他们厂子的门口就出现了这样一块牌匾：“我很重要！”只要一进厂子第一眼看到的便是这四个字，因此不管一线员工还是白领阶层，干起工作起来都非常卖命。一年后这家工厂走出了困境，成为日本有名的公司之一，员工们也大获其利。

你是不是有过类似这样的经历：比如，你和一群人经过促销柜台，促销员给了每一位顾客试用商品，唯独你“落单”了；你工作认真勤奋，不怕苦、不怕累，但总得不到重视，加薪、升职的事情总也落不到自己身上？

遇到这样的情况时，大多数人或多或少会感觉自己被忽视、被忽略，甚至被轻视，于是会自问：“凭什么？当我不存在吗？”为什么别人会视你如空气呢？换而言之是因为你的存在感不强。

存在感是什么？简单地说，存在就是一种感觉，即无论我们走到哪里，身处怎样的场合之中，都希望得到他人的关注，得到很好的肯定和表扬，使自己感觉被重视，从而获得一种心理上的满足。人们内心的失落往往是因为缺少了存在感而引起的。

为什么有些人会没有存在感呢？这是因为，我们从小受到的教育都是“我不重要”，忽视了个体尊严和个体价值，内心力量不够强大，在潜意识中总是习惯看轻自己，如此别人自然也会看轻他们。

因此，我们应该在内心深处树立“我很重要”这种自信心，以此让自己的存在感变得强大。

的确，一个人的存在感强不强、内心力量够不够，其本身是要负很大责任的。你的责任不能让别人来替你扛，只有独立才能让你闯出属于自己的一片天地，这并不是什么无稽之谈，只要付出努力就可以实现。

试想，当你经过促销柜台，不妨告诉自己“我很重要”，主动地和促销员请求试用商品时，她肯定不会再忽略你；如果你真的工作认真勤奋，又能将工作做得非常出色时，你可以肯定自己的价值。如此，存在感增强了，内心也就会变得强大，从而用自身的力量给外界带来强烈的震撼。

把“我很重要”这句话在心里反复述说，这就是一种自我肯定、自我激励的心理暗示……如此，一个人内心的力量可以得到进一步的释放，使自身的积极性被充分调动，行为充满力量。凡是获得成功的人，大多心中都有着“我很重要”的强烈信念。

俗话说：“红花也得绿叶衬。”这就表明了绿叶的重要性：皓月当空，没有繁星的陪衬也就少了一份美丽，所以繁星也很重要；有了鸟儿们的啼叫，森林才显得更有活力，于是鸟儿也说：“我很重要。”

最后，让我们一起聆听当代作家毕淑敏的心灵呐喊——《我很重要》。

我很重要，我对于我的工作、我的事业是不可或缺的主宰。我独出心裁的创意像鸽群一般在天空翱翔，只有我才捉得住它们的羽毛。我的设想像珍珠一样散落在海滩上，等待着我把它们用金线串起。我的意志向前延伸，直到地平线消失的远方……

“我很重要”，我对自己小声说，我还不习惯嘹亮地宣布这一主张。“我很重要”，我重复了一遍，声音放大了一点儿，大声地对世界这样宣布。我听到自己的心脏在这种呼唤中猛烈地跳动，我听到山岳和江海传来回声。

是的，我很重要，我们每一个人都应该有勇气这样说。我们的地位可能很卑微，我们的身份可能很渺小，但这丝毫不意味着我们不重要。重要并不是伟大的同义词，它是心灵对生命的允诺。

你要做沙子，还是做珍珠

没有沙子便没有珍珠，给你一个选择，想做沙子还是珍珠？

相信很多人会说，沙子那么普通，无处不在，随处可见，又是那么卑微；而珍珠比较稀有珍贵，又是那么光鲜、那么高贵，当然选择做珍珠了。世人皆想做珍珠，却很少有人能够真正地成为珍珠。

这是因为，沙子变成珍珠要经过很多磨炼，想要从沙子蜕变为珍珠，就要有能在“珠母”分泌物中忍受黑暗的毅力以及承受孤独和痛苦的坚强，三年，五年，甚至更长的时间……

有这样一个故事。

它原本是绵长沙滩上雪白沙砾中的一员，每天享受着阳光和海水的抚摸，也承受着被人践踏的痛苦。它常想：“我不甘心只是一粒平凡的白沙。”直到一天它听说了一粒沙子在河蚌身体里变成珍珠的故事，它决定也要那样做。旁边的沙粒都嘲笑它太傻，去蚌壳里住，见不到阳光、雨露、明月、清风，甚至还缺少空气，只能与黑暗为伴，那样做的话简直太可笑了。可那颗沙子还是无怨无悔地跳入了一个河蚌的身体里。

许多年过去了，河蚌打开了自己的身体，一道绚丽的光射出来，那粒沙子终于变成为一颗晶莹剔透、价值连城的珍珠，而那些笑话它的沙子，有的早已化为灰尘，有的还静静地躺在海边依然平凡无奇。

每颗珍珠的前身其实就是一粒小小的沙子，但这并不意味着每一粒沙子都能成为夺目的珍珠，想要成为珍珠完全取决于沙子的内心选择。同样，每一个人都有成功的潜力，关键是你内心是否做好了付出的准备、是否能够勇敢地挑战自己。

当一些人被问及最近过得怎样时，他们的回答几乎都是千篇一律：“马马虎虎，混口饭吃”、“能怎样啊，还是小职员一个……”为什么答案总是这么雷同？就是因为他们具有惰性心理，安于现状，不想去迎接新的挑战。

了解了这些后，你要想从“沙子”变成“珍珠”，拥有卓尔不群、鹤立鸡群的资本，就要强化自己的心灵力量，对自己提出超出一般人的期许，不断地挑战自我以迎接随之而来的痛苦、磨难、艰辛等，并且毫无怨言。

美国有一个男孩，出生时就被确诊为智障，所以遭到了父母的遗弃。好在他长大一些的时候，他原先被认为是智障的结论被推翻了。当然，新的结论也好不到哪里去。“经过确认，这是一个可以接受教育的智障儿童。”他就这样顽强地上了小学，又上了中学。

他智力是有问题，但是，一个人再不幸也不能成为他自暴自弃的理由。他觉得上帝既然让自己来到这个世界上，渴望的结果肯定不是看着他因为现实的残酷而含恨自杀。他受过太多人的嘲笑，但这并不能打消他积极进取的念头。正如他上中学时有一位老师跟他说过的那句话一样：“不要因为别人说你是什么样子你就真的以为自己是什么样子。”他要战胜自己，不仅要通过自己的努力改变别人对自己的看法，更重要的是要改变自己对自己的看法——起初别人认为他是智障，他也非常同意；但是现在他不这样想了。他要通过战胜自己来向世人宣布，我不仅不是没用的智障，而且要比一般人都要成功！

他作了一个惊人的决定：去参加演讲会。他想通过演讲来讲述自己的遭遇，通过演讲来激发每一个身处不幸的人内心奋发向上的力量。然而，当他打电话给组织演讲的相关机构时，他得到的几乎都是严厉的拒绝。没错，他没有气质，没有个人魅力，没有丝毫的演讲经验，更没有让人热血沸腾的动人事迹。他只是一个平凡的智障者，仅此而已。

这时候他也会想到放弃，坚持这事本来就挺痛苦的。尤其是连一个支持者都没有的时候，一个人会因为觉得无助而倾向于放弃。但是他不甘心，他不想做正常人想象中那样的智障者：做着一些很简单的事情来就此打发自己的一生。他要战胜自己。谁说智障就不能当演说家？上帝没有定这个规矩。

受到拒绝后他仍然继续打电话，有时候每天从早到晚要打出一百多个电话。久而久之，电话打得多得连他都数不清了。他习惯把听筒放到左耳，听筒不断地跟左耳产生摩擦，最后左耳竟然结出了厚厚的茧子。

他的坚持终于有了收获，他被相关机构接纳，开始了自己的演讲生涯。现如今的他，每次演讲的酬劳高达每小时两万美元，并且在美国享有最受欢迎的励志演说家的美誉。他接受媒体采访的时候，曾经很幽默地指着自己左耳上面的老茧说："这个老茧可不简单，比一般的钻石还要贵重，因为它值好几百万美元！"

他就是莱斯·布朗，全美著名的激励大师。

有些人总是为自己的失败找理由来开脱。他们会说自己之所以不成功，是因为他人或者社会。但是，莱斯·布朗这位曾经因为智障而遭到父母遗弃的演说家，却取得了一般人难以取得的成功。因为他没有抱怨命运的不公，而是不断地战胜自己。一个人只有真正地战胜自己，才能够在困苦中集中时间和精力来重整旗鼓，发起对挫折和失败的下一轮进攻。一个人只有战胜自己，才能够拥有全新的人生。

没有人生来就拥有一切，也没有人不能够拥有一切。那些对成功怀有强烈的雄心、拥有使自己变得更好的渴望并勇于不断挑战自己的人，能够激发自身内在蕴藏的能力，从而比他人更容易获得成功。

老子说："知人者智，自知者明；胜人者有力，自胜者强。"聪明人了解别人，但了解自己的人才是拥有大智慧的人；战胜别人其实不是最强大的，真正强大的人是那些能够战胜自己的人。

强大你的"向心力"，不断挑战自己，相信你一定会从"沙子"变成"珍珠"。即使变不成"珍珠"，你的生活也将不再灰暗，因为每天都有挑战、每天都有期待，这样的生活又怎能不是有活力、有希望的呢？

可以输给环境和对手，但绝不能输给自己

如果你觉得自己不是成功人士，那么你肯定多多少少有过这样的疑问：为什么能力相差无几、学历和经历相同、年龄相仿的两个人，成就相差那么大？是社会对自己不公吗？是自己的运气不好吗？

诚然，一个人的发展与外界有着密切的关系，但是关键在于你自身。很多时候，你是不是应该思考一下自己是否经常自甘堕落、自甘失败、自甘平庸，而很少给自己注入积极的心理暗示？

有这样一句话："人与人之间本来只有很小的差异，但这很小的差异却往往造成巨大的不同。"一个人的人生是成功、幸福，还是平庸、不幸，就是看他如何看待这句话中很小的差异。其实差异没有想象的那么大，只是取决于不同的心理暗示罢了。

你也可以这样理解：每个人的内心都是这个世界上最强的"磁铁"。当一个人的注意力或是所有的能量都集中在某一个方面的时候，无论这种注意力是积极的还是消极的，不经意间它们就变成生活中的一部分。电影《倒霉爱神》恰恰给我们展示了这样一个事实。

电影的女主人公艾什莉好似上帝的"宠儿"，她始终受着生活的眷顾。毕业后她不费周折就在一家知名的公司做了项目经理；她随便买一张彩票就能够中头奖；在繁忙的纽约街头想要搭计程车，很快就有好几辆车都向她驶来……她的生活和工作可谓是一路畅通，惬意而幸运得让人忌妒。

然而，男主人公杰克好似世上的天煞霉星，有他出现的地方就有霉运，医院、警察局、中毒急救中心是他经常光顾的地方。新买的裤子看上去好好的，可一穿就断线；工作上他更没有艾什莉那么幸运，他不过是一家保龄球馆的厕所清洁员。

看到影片中这些零碎的片段时，众人不禁哑然失笑，但也会感慨：同样是人，怎么差别这么大？其实，这不是运气的问题，而是心理暗示在发挥作用。艾什莉的内心充满着对好运气的渴望，这种渴望促使着她去感受美好、追求快乐，因而她的感觉越来越好。反观杰克，他潜意识里不断地提醒自己，很快就有霉运来了，于是，正如他所想的那样，倒霉的事真的接二连三地来了，而且想甩都甩不掉。

我们常说："种豆得豆，种瓜得瓜。"同样，在心里播种下什么种子，你就会处于什么样的状态。在心里播种积极的种子，无疑会让你变得更加强大和自信；在心里播种消极的种子，就很容易让你在不经意间处于消极状态，不顺的事情也就随之而来了。

相信人们一定常听到过这样的对话："我不能喝咖啡，它会让我晚上失眠"、"我不能吃鸡蛋，它会让我拉肚子的"、"我不能坐飞机，会吐"。其实，人的生理反应并非如此，造成这样的结果是心理暗示潜移默化的结果。一旦将自己置于这样的状态下，你的身体机能就会在不经意间默认这些"程序"，接下来，那些所谓的反应就不请自来了。

因此，如果你不想让倒霉的事情主导自己的生活，那就要尝试着从心理暗示方面做出一些改变。给自己的心"注入"积极的心理暗示，相信你所做的一切都会朝着好运的方向发展，你会发现大脑变得活络起来，内心产生了连自己也意想不到的力量，你自然也就会享受到惬意美好的生活。

假设你想成功，就应该经常不断地重复自我鼓励："我很成功，我一定会成功。"假设你想成为百万富翁，就经常鼓舞自己说："我一定会赚很多钱，我一定能成为自己的人。"假设你想拥有很好的人脉，你就得对自己默默地说："我对别人投以微笑，别人也会投以回报……"

在第23届洛杉矶奥运会上，人们发现了这样一件"奇怪"的事情：日本运动员具志坚幸司每次比赛出场前总要紧闭双目，口中念念有词，像念咒语似的。更奇怪的是，那届男子体操决赛中，麦克唐纳、康纳斯等众多名将纷纷失手，唯独具志坚幸司保持了稳定的状态，一举斩获全能冠军，实现了他多年的夙愿。除此之外，在吊环、跳马和单杠项目中，他分别收获了冠军、亚军、季军。

比赛结束后，具志坚幸司上场前口中默念的“咒语”成了许多人关注的谜，纷纷猜测不止。有一位记者采访具志坚幸司时，更是很明确地问到了这件事情，但具志坚幸司笑而不答。事后，具志坚幸司对自己的朋友们说，其实自己默念的内容并不神秘，也不是什么咒语，无非是运用了积极的心理暗示，告诉自己：“我不紧张，我一定会做好这套动作”、“我勇敢，我会取得成功的……”

正如20世纪伟大的心灵导师詹姆士·艾伦在《人的思想》一书中所说：“要是一个人把他的思想朝向光明，他就会很吃惊地发现，他的生活受到很大的影响……一个人所能得到的正是他们自己思想的直接结果。有了奋发向上的思想之后，一个人才能奋起、征服，并能有所成就。”

伟大的发明家爱迪生也深信这种心理暗示的力量，他在日记中这样写道：“我相信自己会成功的，我知道自己一定行，我会发明电灯的。”经过了数以千万次的挫折后，坚韧的爱迪生给这个世界带来了第一盏电灯。

时刻用积极的暗示鼓励自己，像艾什莉、具志坚幸司、爱迪生那样经常对自己说：“我是最好的”、“我是最棒的”、“我一定能够成功”……这些暗示均会引发强大的内心力量，进而让人产生一种不达目的誓不罢休的执着。

记住，没有人知道未来将会如何。面对各种各样的困境或竞争，我们可以输给环境，也可以输给对手，但决不可以输给自己。心理暗示虽不能跟金钱划等号，但只要持之以恒，它就会创造出你意想不到的效果，为你带来惊人的价值和财富。

不仅要尽力而为，更要全力以赴

不少人热衷于追求成功，却又不肯全力以赴，认为只要自己尽力而为就可以了，没必要累死累活的。出现不理想的结果时，就会抱怨道：“我已经尽力而为了呀！”相信这句话大多数人都曾说过，而且是许多人的口头禅。

殊不知，尽力而为是远远不够的，尽力而为只会打消我们的意志，消减我们的勇气，扼杀我们的进取之心，它是我们前行的最大羁绊，使我们一次次在成功的路口错过，而那些错过又何尝不是过错？

下面这个故事虽然短小，却寓意很深。

一个猎人带着他的猎狗去捕猎。有一只兔子被猎人击中了，拖着伤腿的兔子拼命奔跑，猎人就放出猎狗让它去追捕，但猎狗最终也没追上受伤的兔子。空手而归的猎狗被猎人痛骂一顿：“你个没用的东西，连只瘸了腿的兔子都追不到！”

猎狗很委屈地说：“主人，我已经尽力啦！”

那只兔子死里逃生之后，兄弟们都争先问它：“那只猎狗穷凶极恶，你脚还受了伤，是怎么逃脱它的魔掌的？”

“它是尽力而为，我可是拼尽了身上所有的力气！它没追上我，最多挨一顿骂；而我如果不拼命跑的话，命就丢了！”兔子回答道。

通过兔子与同伴的对话，我们可以领悟到，尽力而为和竭尽全力的结果是多么的截然不同。为什么会这样呢？这是因为每个人都有无限的潜力存在，但大多数人只发挥了不到10%，剩下的90%以上的潜力则被深藏起来，这正是受仅仅尽力而为的影响。而全力以赴则能有效唤醒、激发起人们剩余的潜力，修炼出如“悍马”般强大的内心力量，进而做成原本不可能做到的事情。

换而言之，任何人，不管身处什么环境，不管他才智如何，只要肯付出百分之百的努力，就能开发、控制自己的潜力，进而将自己的希望和期待在生活中具体地实现出来。

在美国西雅图的一个教堂中，泰勒牧师告诉孩子们每个人都有极大的潜能。接着，他向全班宣布：如果谁能将《圣经·马太福音》中第五至第七章的内容全部背出来，就邀请他参加西雅图“太空针”高塔餐厅的免费聚餐会。

上述这几章有几万字的内容，要通背全文，难度可想而知。尽管牧师开出的条件十分诱人，但是所有孩子都因为字数太多，难度太大而放弃了。

几天后，泰勒牧师听到了班中一个11岁孩子在他面前通背了《圣经·马太福音》第五至第七章的全部内容，在这过程中，泰勒牧师发现这孩子竟然一字不漏、声情并茂地背诵了全文。

泰勒牧师在感叹男孩惊人记忆力的同时，还追问了男孩能做到的原因，男孩不假思索地回答：“因为我拼尽了全力。”多年以后，这个男孩成为了世界首富，他就是全球皆知的比尔·盖茨。

竭尽全力不代表就一定能把所有事情都做成功，但是仅仅尽力而为却影响和阻碍人们做成很多事情。你或许会疲惫不堪，或许会伤痕累累，但这是逼着自己出类拔萃、逼着自己走向成功彼岸的“苦肉计”，这种付出是值得的。尽力而为在这个竞争激烈的社会是不受用的，那些仅仅满足于尽力而为的人，大多欠缺完成工作任务的勇气和决心，不能最大限度地发挥自身的潜力，自然做不好工作，最终被淘汰。

因此，你应该听从内心的呼唤，如果想做出一番大事业，就不要再以“我尽力了，结果不理想”的借口敷衍自己和搪塞别人，而要时常扪心自问：我是尽力而为，还是拼尽全力呢？很多时候，成败仅仅在于这一念之间。

相信自己，是的，我能

世界上没有一件事是“可能”的，也没有一件事是“不可能”的，事情一开始谁都不知道结果怎样。“李宁”广告词说得好：“一切皆有可能。”即使我们真的碰到了“不可能”，也只是暂时没有找到解决问题的方法而已。

人人都希望自己有一个成功的人生，但多数人心里却持着这样一个信念：多数人是不可能成功的，成功只是少数人的专利。并且，很多人把自己归为那大多数人中。

仔细思考一下，你也在其中之列，你也这么认为吗？

如果真是这样，你的内心就可能已经被消极情绪占据，你就会怀疑自己的能力，甚至怀疑自己根本没有能力去实现，“不可能”便成了你为面对各种障碍所找到的“合理”解释，结果导致内心孱弱无力，即使你真有能力也可能不行。

难道真如我们所认为的，成功是“不可能”的吗？事实上，不是环境而是决心在决定我们成功。成王败寇完全取决于你自己。思想大师爱默生说得好：“相信自己‘能’，便攻无不克。”

决心决定态度。

态度决定行为。

行为决定结果。

的确，不管在怎样的境况下，愿意相信自己“能”，始终相信自己是一个成功者、认定自己是赢家、从来都不怀疑自己的人，他们在不经意间给自己注入一针强心剂，最终，让心愿得以实现。

在1954年之前，人人都认为四分钟跑完六英里根本就是不可能的事情。但英国选手罗杰·巴尼斯特却将这一纪录作古，这个“不可能”的魔咒是怎么被他打破的呢？就是因为他总是默默地对自己说："是的，我能！"

瑞典人根德尔·哈格曾经在1945年跑出4分01秒04的"极限"成绩，此后八年没人能够打破这一纪录。在这沉寂的八年中，就读于牛津医学院的罗杰·巴尼斯特发誓要突破四分钟极限。尽管遭到了别人"不可能"的否定，但巴尼斯特却时常这样告诉自己："是的，我能！"他独自坚持训练，风雨无阻。

在1954年5月6日，巴尼斯特终于打破了关于"极限"这个概念。当他打破这一纪录时，现场的解说员这样说道："世界纪录诞生了，3分59秒04，巴尼斯特创造了人类壮举，成为了人类突破自身极限的永恒象征。"

那一晚上，巴尼斯特出现在伦敦电视台。对于自己的成绩，他很淡然地说："人类的精神就是永不服输的精神，我深信自己能够打破这个纪录，并不断地这样暗示自己，久而久之便形成了极为强烈的信念，最终实现了这个'不可能'。"

因为始终相信自己，经常用"是的，我能"提醒自己，罗杰·巴尼斯特不畏惧困难，艰苦训练，最终成功打破了世界纪录，赢得了众人的尊重和欣赏。人生如此，该是何等的洒脱、何等的惬意。

"意焦"这个词是心理学上的一个专业术语，意思就是注意的焦点。如果我们把注意力多放在"可能"上，我们就会想尽一切办法解决困难，而不是"找借口"，从而取得成功。

瑞恩·希里杰克是加拿大一个普通的男孩，一天，这个一年级的小学生听老师讲述了非洲的生活状况：因为贫穷，大多数非洲的孩子没有玩具，他们的童年是在缺少食品和洁净的饮水中度过的，甚至许多孩子因为长期饮用不洁净的水而死去……一放学，他就迫不及待地冲进家，对妈妈说："70加元就能帮非洲人打一口井，妈妈，您能给我70加元吗？"

"不，瑞恩，70元钱太多了。"妈妈告诉他，"我们家没有这个负担能力。”瑞恩有点失望，但是妈妈希望瑞恩会慢慢淡忘这件事，然而他每天睡觉前都祈祷能让非洲人喝上洁净的水。无奈之下，妈妈让瑞恩在承担正常家务之外自己挣钱，吸两小时地毯挣两加元，帮家里擦玻璃赚两加元，帮邻居捡暴风雪后落下的树枝可获得两加元……

四个月后，瑞恩终于攒够了70加元，并交给相关慈善机构，然而慈善机构的工作人员告诉他：挖一口井要2000加元，70加元只够买一个水泵。妈妈叹了口气，对瑞恩说：“靠干家务怎能赚那么多钱呢，孩子，你已经尽力了，但你真的不能改变什么。”

“不，我能！”瑞恩态度坚决地说道，“只要每个人都做出努力，就能够改变世界。”瑞恩思虑再三，决定找同学们帮忙，他在讲桌上放了一只水罐，让大家把自己节省下来的零钱放进去，并请求妈妈给家人和朋友发了电子邮件。谁知，很快便有人回信了：“我很感动，我想捐一些钱帮助瑞恩。”不久后，瑞恩的故事就被刊登在了肯普特维尔的《前进报》上，题目就叫《瑞恩的井》。

就这样，瑞恩的事迹在整个加拿大广为传颂。受瑞恩的影响，人们纷纷加入到“为非洲孩子挖一口水井”的活动中。五年过去了，瑞恩的这个梦想竟成为千百人的一项事业，以致在缺水最严重的非洲乌干达地区，超过半数的人已经能喝上洁净的水了。为此，媒体称这个普通的男孩儿瑞恩为“加拿大的灵魂”。

瑞恩的故事启示我们，在做事情之前，我们一定要把“不可能”这种消极的心理暗示抛弃，利用“是的，我能”的暗示反复激发自己的信心，将意焦集中在“可能”上，想一想自己是否真的想尽了一切办法、穷尽了一切可能。

需要指出的是，“是的，我能”不是自信心爆棚的表现，更不是不切实际的盲目乐观，而是一种激励自我战胜困难的表现，以保证自己用高昂的斗志迎接各种困难和挑战。

你想拥有无比强大的内力吗？你想取得辉煌的成就吗？那就在心里多念几次“是的，我能”，并将之运用到实际生活和工作中去，如此你会发现，你也可以成为内心强大的人，成功没有什么不可能。

我相信，我是世界的唯一

我国著名的国学大师季羡林先生在总结自己的成功经验时，将自信视为最重要的因素。他这样写道：自信+勤奋+机遇=成功。无论遇到什么逆境，我们都要从容面对，勇敢挑战。只要自己正视失误，相信自己的价值，就一定会在跌倒的地方爬起来，最终采摘到成功的鲜花。其实，这也是在告诉我们这样一个道理：在前进的道路上，无论遇到了什么困境，都要时刻记住自己不会失去作为一个人的价值，只要坚持，就能从痛苦中走出来，拥抱成功的喜悦。

每一个人，都有潜在的巨大的价值和潜力，但是能够清楚地认识到这一点的人却并不是很多。在我们的内心中，自己的价值有多大，我们就会在实际生活中发挥出多大的价值来。在生活中，我们从来不会发现一个自认为毫无价值的人能够获得成功。每个人都是无价之宝，我们要用钻石的眼光来审视自己，这样才不至于使自己在遇到困境、挫折的时候，一直处于痛苦和沮丧之中，才不至于使自己在贫困线上不停地挣扎。

世界上伟大的推销员乔·吉拉德的衣服上通常都会佩戴一个金色的“1”字。有人曾经问他：“这个字是不是表示自己是世界上最伟大的推销员？”他回答说：“不是的。因为我是我生命中最伟大的！”

乔·吉拉德一直认为，这个世界上自己就是自己最大的财富。其实，他这种自我肯定的坚定信念来源于他的生活经历。

在乔·吉拉德35岁的时候，还是一个彻头彻尾的穷光蛋，他甚至连自己的妻子和孩子的吃喝问题都很难解决。但是，一次偶然的演讲会改变了他的命运。

在演讲会上，一个演讲者拿出一张崭新的十美元钞票，向坐在前排的他问道："你想得到这十美元吗？"他当即就举起了手臂说："想要！"

演讲者又说："我会将这十美元给你的。但是在给你之前我一定要将它弄一下。"说着，演讲者就把那张钞票揉皱了，接着问他："你还想要吗？"

乔·吉拉德又一次高高地举起了手臂，并坚定地说道："要！"

"好吧，"演讲者继续说，"我要是这样弄一下它呢？"当演讲者将那张钞票丢到地上，用脚使劲踩过后，将它再次捡起来时，它已经变得又皱又脏了。

"现在你还想要吗？"演讲者又问他。乔·吉拉德又坚定地举起了手臂，仍然说："要！"

"好啦，不管我如何虐待这张钞票，你仍然想要。因为你也知道它虽然表面上看上去很脏，但是它的价值没有减损，它依然还值十美元！"演讲者对他说。

乔·吉拉德当即就明白了，充分认识到了"自己"这个最大的宝库。此后，他不停地向成功靠近，最终成为"世界上最伟大的推销员"。

生活中，我们并非一帆风顺，相反，因我们一时的判断失误或者外界的环境导致我们失败、被击垮的情况时有发生。这时候，我们可能会灰心丧气，可能会顿时觉得自己一文不值，但是实际上，无论在自己身上发生了什么事情，我们从来都没有失去自身的价值。只要勇于肯定自己，以坚定而乐观的态度去面对一切困难险阻，你的内心便会再次充满梦想，便能再次创造巨大的辉煌。

美国联合保险公司董事长克里蒙·史东说："要驱除失败的痛苦，就一定要学会肯定自己并感谢磨难。"倘若我们失败之后并不是怨天尤人，折磨别人和自己，而是用自己的意志力去掌控命运，那么就可以使自己的人生再度发挥价值。

克里蒙·史东自幼丧父，因为早早地体会到母亲持家的辛苦，他从小便懂得以外出打零工来补贴家用。

有一次，当他走进一家餐馆准备向客人开口卖报纸时，却被餐馆的老板赶了出来。但是，史东却根本没有在意老板的态度，而是一心想着怎么能够再次卖报。于是，他趁着餐馆老板不注意的时候，悄悄溜了进去。结果他刚踏进去，立刻又被老板发现了。餐馆老板一气之下就在他身上狠狠地踹了一脚。

对此，史东爬起来二话不说，只是揉了揉屁股，便开始又拿起手中的报纸叫卖起来。客人看他勇气十足，便纷纷劝老板给他行个方便。于是，史东那天虽然被打骂和嘲笑了，并且挨了一脚，但是报纸却全部都卖了出去，并且卖了不少钱。

史东从小便有极强的进取心，遇到困难从不唉声叹气，也从不叫屈。他不会轻易说放弃，一旦确立的目标后便会勇往直前。在他中学的时候，他就开始投入保险行业，刚开始时遇到的困难与自己当年卖报的情况一样。但是，他经常安慰自己说："我是最棒的，反正做了又没什么损失。"然后就立马去行动。

史东鼓起莫大的勇气，一次次地走进城市的一间又一间的办公室中。终于，他卖出了一份又一份的保险。在22岁那年，他便成立了一家属于自己的保险经纪公司。在公司开业的当天，他便在大街上卖出了第一份个人保险。接着，他不断刷新自己的记录，甚至创下过平均四分钟交一份保险合同的记录。

克里蒙·史东的成功来自他勇于在磨难和挫折面前的自我肯定。在这个实力决定竞争的时代，在抱怨别人不够重视自己之前，一定要先审视一下自己究竟有多少能力，有没有及时肯定自己的价值，有没有在跌倒之后再站起来的决心和勇气。不管境遇如何变迁，只有不肯轻易否定自己的人才不会败下阵来，才会受到别人的重视，才能被鲜花和掌声萦绕。

总之，漫漫人生路，只有肯定自己才能使生命更显完美。所以，在生活中，当我们面临巨大的困难和挑战时，只有肯定自己的价值，然后才能发出钻石般耀眼的光芒。当逾越了这道难关以后，我们就能深刻体会到那种“泰山崩于前而面不改色”的淡定，那是一种“人生如逆旅，我亦是行人”的超然，生命从此便会变得无拘无束悠然自得。

第四章
情绪暗示力：摒弃坏心理，让霉运消失在我生命里

当面对困难时，不能总想着逃避。现实虽然是残酷的，但你应该勇敢地去面对。怯懦使我们成为囚犯，勇敢使我们获得自由。勇敢是驱散恐惧阴影的阳光。只要心中充满阳光，你就能把阴影抛到脑后。情绪的暗示力告诉我们，要想获得成功，就必须首先摒弃坏心理，将霉运从你的生命中统统赶走。

远离依靠的习惯，挺直腰杆做自己

人生在世，立足的根本就是自强自立。一代大教育家陶行知老先生有一首诗写得好：“滴自己的血，流自己的汗，自己的事情自己干，靠天靠地靠老子，不算是好汉。”知识、智慧、汗水才是人生最可信任和依赖的。人常说：“靠人种地满地草，靠人盛饭一碗汤。”靠父母都靠不了一辈子，更不用说靠其他人了？只有自己才是你在这个世界上最可依靠的人。我们应该养成自强自立的好习惯，而不是依赖他人。

一个事业成功的朋友曾意味深长地讲过他年少时的一个故事：

小时候学溜冰时，一次父亲偶然发现我还在借助椅子的力量去练习，他二话不说，直接将椅子从我手中撤走。

没有了平衡点的支撑，我顿时脚下打滑，跌了个仰面朝天，哭着喊着要求父亲把椅子还给我。

对于我的哭喊，父亲无动于衷，他丝毫没有还给我椅子的意思，我只得自己站起来。

我在这个时候才发现，想要学会溜冰就必须依靠自己去摸索，而不是去借助椅子的平衡。

“没有人带着椅子滑冰的！”父亲对我说着，“不要养成对别人依赖的坏习惯，自强自立才能使你在这个世界上活得更好！”

无论我们是否像这位朋友一样，幸运地拥有这样一位慈爱的父亲，能让我们尽早离开依靠的座椅，我们都应该学会自己站起来，学会主动去掉依靠的座椅，让自己得以成长。

或许我们听说过这样一个寓言故事。

一只小蜗牛看到其他虫类没有负累，而自己身上却背了一个重重的壳，不禁好奇地问妈妈：“我们干嘛要背着这个又重又笨的家伙呢？”

妈妈说：“因为我们的身体没有骨骼的支撑，只能爬，又爬不快，所以需要这个壳的保护。”

小蜗牛：“毛毛虫爬得也不是很快啊，但是人家怎么不用背呢？”

妈妈说：“因为它可以破茧成蝶啊，飞向自由的天空啊。”

小蜗牛又反问道：“还有蚯蚓也爬得很慢啊，它没有翅膀，妈妈，你看它就没有这个又笨又重的壳！”

妈妈笑着说：“蚯蚓虽然爬得慢，但是它可以钻到土地里，大地会保护它。”

小蜗牛这时哭着说：“那我们蜗牛也太可怜了，既不能飞向广阔的天空，也得不到大地的庇护，难道就没有谁能帮助我们吗？”

蜗牛妈妈安慰小蜗牛：“我们谁都不靠，因为我们有壳保护，我们唯一可以依靠的就是自己。”

蜗牛背上有壳，我们身上有手。只要有双手，我们就能靠着自己的双手去打拼，就能自己站起来。只有经常给予自己这样积极的心理暗示，才能引导我们向积极的方向迈进。美国总统约翰·肯尼迪从小就是“在没有依靠的座椅上成长的”。

有一次，他们一家人坐着马车外出游玩。由于马车速度太快，肯尼迪在一个拐弯处被甩了出去。当马车渐渐放缓停下来的时候，他本以为父亲会过来把他扶起来，但父亲坐在车上动都没动，反而还抽起了香烟，看样子根本就没有下来的意思。

他叫道：“爸爸您过来扶我起来啊。”

“你摔疼了吗？”

肯尼迪带着哭腔说：“是的，我已经没有力气站起来了。”

“那你也要靠自己站起来，爬上马车。”

肯尼迪倾尽全力艰难地爬上了马车。父亲摇着鞭子问：“别怪爸爸这样做，我这样做自有我的道理，你知道这是为什么吗？”

肯尼迪不解地摇着头。

父亲接着说：“人活在这个世界上就是这样，从哪里摔倒就要从哪里爬起来接着奔跑。不论是什么时候都要依靠自己，因为没有谁能帮你一辈子。”

只有自强自立的人，才能独立于世，才能力超群雄，开拓自己的天地，得到他人的认同。学会做自己命运的主人，善于分配自己的时间，积极进取，这才是成功的重要前提。如果你连自己的人生都掌控不了的话，总是借助别人的力量前行，习惯于对别人依赖，那么你的人生终将一事无成。

法国作家雨果写道：“我宁愿靠自己的力量打开我的前途，而不愿求有力者垂青。”人生在世，想要获得美好的前途主要取决于自己，成败都由自己所做出的选择决定，依赖只会让你看不到光明，懦弱地度过一生。英国历史学家弗劳德说：“一棵树如果要结出果实，必须先在土壤里扎下根。同样，一个人也需要学会认识自己，依靠自己，尊重自己，不接受他人的施舍，不等待命运的馈赠。只有在这样的基础上，才可能做出成就。”依赖别人，就会失去独立思考和行动的能力，意志力就会被消磨掉。抛弃那种经常依靠的习惯吧，挺直腰杆做自己。

面向阳光，把恐惧阴影抛向脑后

在面对困境，遭遇挫折的时候，大家一定要给自己这样的心理暗示：不管遭遇什么困难，坚持就是胜利，成功是留给有准备和坚持不懈的人的，只有勇敢的人才能开创属于自己的未来。在汶川地震中，一位年仅12岁的少年在摇摇欲坠的教室中，冒着房屋随时都可能倒塌的危险，一连抢救出好几位同学，他那临危不惧的勇气实在令人钦佩。人们不由地感叹：自古英雄出少年！

但为什么大多数孩子不能像他一样勇敢呢？甚至连自我保护都不会。这其中，基因遗传的勇敢因素不可忽视。根据遗传学理论，在冲动的胆汁质和多血质性格中，有的人，在大难面前会突然激起自己战胜困难的勇气；而黏液质性格的人却往往胆怯以致犹豫不决。

据遗传基因显示，只有少数人天生勇敢无比。正因为多数人的心理都是极为脆弱的，因此，更多的时候，需要一种信念和目标来支撑，让自己变得勇敢和强大起来。只要有了这样一种信念和目标，生命才会产生一种力量。这样，无论你遇到什么样的困难，陷入什么样的艰难境地，都能坚强地站起来。

当你的人生有了一个坚强的理由，本来懦弱的人也会变得强大无比，从而所向披靡。

有一天，有位在国营五金公司工作了18年的老员工，竟然收到了下岗通知书。顿时，他有一种天塌下来的感觉，整个人都垮了。本来，他的儿子正在上大学，学费还是亲戚凑齐的。爱人也没有一份固定的工作，父母还需要赡养，就靠他在单位旱涝保收，支撑着整个家庭。这下，他感到自己前途一片暗淡。从来没有想过去应聘工作的他开始四处奔波，但是，这个年龄的人应聘成功的概率也很低，所以他非常沮丧。

可儿子下学期的学费就要上缴了，他个大老爷们儿总不能再向亲戚开口借吧？这个生性懦弱的人突然感到一股男子汉的血气涌上心头。他感到自己责任重大，他要为儿子树立榜样，不能让儿子因为贫穷的家庭而自卑，更不能让儿子感到命运的捉弄是无法战胜的，从此失去克服困难的勇气。生活需要他勇敢，他不能趴下。于是，奇怪的事情发生了，这个生来懦弱的人竟突然间变得强大起来，并开始把自己的弱点转变为优势。他第一次当家做主，拿出家中仅有的3000元存款买了一辆三轮车，到外地去贩卖蔬菜。

因为他是第一次做小买卖，供货商人和菜贩子都欺负他、排挤他。但是，与以前不同的是，他不再忍让和退却，而是无所畏惧地面对他们的刁难，坚决地捍卫自己的利益。别人看到这个老实巴交的“软柿子”居然像老虎一样威严不可侵犯，菜贩和供货商对他的态度也开始逐渐好起来，不再存心刁难坑骗他。家人也为他的转变而感到十分惊讶。

但在他看来，这不算什么，因为他的心中有一个信念，那就是：他是儿子的榜样，他要让儿子知道什么是顶天立地的男子汉。正是因为有了这样一种信念，他变得强大起来。现在，他不但早已脱贫，而且成了当地最大的蔬菜批发商。

勇敢虽与遗传有关，但也需要后天培养。生性懦弱的人经过锻炼也会变得勇敢起来，只要你找到了那些让你勇敢的理由。一般来说，爱可以增强我们战胜困难的勇气。因此，如果你在困难的拦路虎面前徘徊不前、犹豫不决时，请想一下你的亲人。他们对你的期望是什么？你让他们骄傲还是让他们失望？如果退缩会让他们失望，你忍心看到他们失望的表情吗？

短道速滑冠军王濛，在面对强大的竞争对手时，孤军奋战，毫不畏惧，就是源于她对父母、教练、对队友关爱的报答。曾经，在锻炼中，当王濛无法忍受劳累时，教练总是告诉她，想想父母，你做的一切都是为了父母。要让父母为自己感到骄傲！想到此，王濛就增添了战胜困难的勇气。

创造奇迹需要信心，无论是亲人的关爱还是生活的需要，都不能退缩，这就是让你勇敢的理由。信任和鼓励也是让你勇敢的理由。当你因为怯懦而感到无法坚持想逃避时，不妨想想那些对你充满期盼的眼神，想象一下退缩的结果。

懦弱就像黑夜一样，你越害怕，内心就越恐惧。只要面向阳光，把阴影忘得一干二净，便不会再害怕黑夜了！人生也是如此，很多时候，我们不是被敌人打败了，而是在未与对手交锋前，就用可怕的想象吓住了自己。因此，当你畏惧困难想要放弃尝试时，不妨设想一下，你退缩的结果会是什么？

因此，当面对困难时，不能总想着逃避。现实虽然残酷，但是你应该勇敢地去面对。怯懦使我们成为囚犯，勇敢使我们自由。勇敢就是驱散恐惧阴影的阳光。只要心中充满阳光，你就能把阴影抛到脑后。

骄傲在败坏之先，狂心在跌倒之前

骄傲自满是世间失败的根源之一。比尔·盖茨曾说：“如果我们有了一点成功便觉得了不起，这是不可取的行为。如果在我们为自己的成功自鸣得意时，有一个人来教训我们一番，那么，我们就可以称之幸运了。”但是生活中并不是总有人来提醒我们不要骄傲，所以很多人都会因骄傲而犯错，从而导致自己的失败。

我们在做某些事情取得阶段性胜利的时候，千万不要沾沾自喜，一定要提醒自己：“我们这回运气好，事情还没完，还要继续努力。”生活中有太多的人容易骄傲自满，当他们志得意满的时候，往往就会忽视隐藏的危险，把所有的注意力放在自己的小成就上，从而犯下致命的错误，使自己追悔莫及。

无论什么时候我们都应该严格要求自己，保持清醒的头脑，激励自己取得更大的进步，而不要为一点小小的成绩就沾沾自喜，因为自满只会使我们停滞不前。

著名的教育家卡尔·威特在教育自己的儿子时，就非常注意表扬的分寸和尺度，他从来都不会过分地表扬他，为的就是不让小威特骄傲自大。

老威特对于儿子做出好的事情会加以表扬，但不会过分表扬他的儿子，因为他还害怕过分的表扬会助长儿子骄傲情绪。他担心儿子在学习方面会有自满的情绪，于是总教给小威特区分各类学科的知识，以避免儿子滋生狂妄自大的情绪。

在小威特长大一些以后，卡尔·威特就这样循循善诱地对他说：“无论怎样聪明，怎样通晓事理，有怎样的才学，都不过是眼前的浮云。如果稍微懂得一点知识就骄傲自满的话，那这样的人真是可怜至极了。”“不要把别人的溢美之辞放在心上，能听别人的赞美就必须能接受别人的中伤。愚蠢之人的表现就在于听到赞美就会沾沾自喜，受到中伤就会因此而悲观厌世。”

没有人喜欢与骄傲自满的人在一起，只有做到胜不骄，才能得到别人的尊敬与爱戴。一个只会沾沾自喜的人，注定只能做一只“井底之蛙”，到最后吃亏的还是自己。

有一只风筝，在主人第一次带它飞向天空时，它十分兴奋。但它还希望能够离天空更近一些，于是它不断的努力向上升。正当它兴奋地茫然不知时，忽然发现身下一紧。往下一看才发现是主人抓紧了线不肯再放。

风筝顿时心生怨气：“干嘛要牢牢抓住我不放呢？假如主人再多放一些线，我就更靠近天空！”

于是它不断争扎、不断努力地向上飞。但由于它用力过猛，线忽然断裂开来，风筝一下就失去了平衡，在天空中摇摇摆摆，翻了一个大筋斗后就往地面坠落。这时，它被一阵强风吹向了大树，被撞得残破不堪，它也失去了再次飞向天空的能力。

我们生活中的很多人就像这只风筝一样，因为自己有一些突出的特长，就产生一种优越感，对自己的能力产生幻觉，觉得没有什么事情可以难倒自己。不知天高地厚就是因为这种优越感而滋生的，最终使自己跌下万劫不复的深渊。

骄傲容易招致败坏，得意则容易让人忘形。很多人在艰难困苦中能够挺下来，胜利来临时却往往遭遇失败，这是因为骄傲常让人在最平坦的路上栽跟头。

《圣经》上说：“骄傲在败坏之先，狂心在跌倒之前。”历史人物当中，有不少由于一时得势就忘形，以至犯下重大错误，最终导致失败甚至丧命，其中关羽就是最典型的例子。

三国时期的关羽，武艺惊人、忠肝义胆，是天下闻名的猛将。他屡建奇功，乃当世难得的良将。但是，“颇自负，好凌人”却是他致命的弱点。

刘备在益州时，马超来降。关羽得知后，写信给诸葛亮，问道：“马超武艺如何？”诸葛亮回信道：“马孟起文武双全，雄烈过人，一代俊杰，可以和翼德并驾齐驱，然而不及美髯公的超群绝伦。”关羽将这封书信拿给属下观看，以此来炫耀自己的才能，无形之中却破坏了自己的形象。

刘备称汉中王后，拜关羽为前将军，张飞为右将军，马超为左将军，黄忠为后将军。当时费涛受命将任命送往樊城前线，但关羽看不起黄忠，认为黄忠不配当将军，于是勃然大怒说：“大丈夫决不与老兵同列。”再三不肯接受印绶。后来，因费涛再三劝解，关羽才勉强接受了任命。

襄樊之战初期，关羽的骄傲体现得更是淋漓尽致。

这年，樊城地区屡降暴雨，汉水泛滥，驻守城外的曹军也被淹没。关羽抓住这一时机，放水淹曹操七军，擒于禁、斩庞德。在这之后，关羽倾其全部军力围困襄阳。曹操在荆州所部都望风而降，许都以南地区也受到了关羽军的震动。关羽也因此而“威震华夏”，以致让曹操产生了迁都邺城的想法，以避关羽之兵锋。这时的关羽可说是无往不利，但同时也是最危险的时候，因为骄傲会造成他轻敌的错误，更会造成他孤立无援的局面。

关羽本应该在这时提高警惕，但因为骄傲自负的这一缺点，受东吴都督陆逊美言的麻痹，犯下了兵家大忌，最终败走麦城。

经常夸耀自己当年如何的人，现在肯定是生活得不如意的人。生活中随时随地都能见到经常夸耀自己当初如何、学识如何的人，却不知道这样已经引来了别人的反感，犯了人际交往中的错误。志得意满时，我们应该提高警觉，在最容易麻痹的状态下，时刻提醒自己不要犯错；要细致观察，不要放过任何一个微小的隐患，将其掐灭在萌芽状态，确保自己能够成功。

一个人实力非凡，即使沉默不语，也会在工作中得以体现。相反，很多时候我们的大好前程往往是因为自己的自吹自擂和骄傲自大而断送。因为当我们志得意满、夸耀自己时，往往会惹来别人的反感，犯一些伤害别人自尊与感情的错误，使我们失去朋友，因为没有人喜欢和一个总喜欢自命不凡的人在一起。成功的秘诀之一就是要拥有良好的人际关系。所以即使有了一些成就，也不要到处炫耀，那样只会让自己犯错误而不会对自己任何的好处。

俄国作家契诃夫曾经说："人应该谦虚，不要让自己的名字像水塘上的气泡那样一闪就过去了。"如果我们觉得自己已经成功了，那就不要自我膨胀，因为志得意满的时候，我们就会看不到隐患，犯一些错误，因此一定要保持清醒，不要被小小的成就冲昏头脑，这样才能取得最后的胜利。

当你学会接受不期待，失望就会少得多

抱怨解决不了任何问题，因此凡事不能一味的抱怨。事情具有两面性，有利也有弊。当遇到不利因素时，就要给自己这样的心理暗示：要学会接受，在这不利因素里学习到东西才是最重要的。要养成善于接受挑战的好习惯，切勿让抱怨毁了大好前程。

成功的天敌就是抱怨，抱怨是懒惰的表现，是容易养成的不良习惯。在人生道路上，困难、挫折数不胜数，当人们遇到此类事情时，总是为自己寻找借口，不是抱怨出身不好，就是抱怨社会阅历太浅，要么抱怨社会

竞争太激烈。人们越是抱怨，困难就越是不请自来。所以，人应该敢于接受现实，勇于接受挑战和困难。

有个年轻人一直不受领导重用，他为此愁眉不展，异常苦闷。某天，年轻人去质问上帝：“为什么别人机会都那么好，而命运对我却是这般捉弄？”上帝听了年轻人的话后什么也没说，只是将一颗不起眼的小石头扔进了石堆中。上帝说：“你能把我刚才扔出去的那颗小石头找回来吗？”结果，年轻人找了半天还是没有找到那颗被上帝扔出去的小石头。这时候，上帝将自己手中的戒指扔向了石堆。结果，这一次，年轻人很快就从石堆中找到了上帝扔出去的戒指。年轻人拿着戒指有所顿悟：因为自己是一颗平凡的小石头，自己的能力没有到达被重用的程度，又怎能得到命运的垂青呢。从那之后，他再也没有抱怨过命运的不公。

上天对于每一个人都是公平的，一些人在遭遇挫折和困难之时往往不能正视自己，不能冷静地审视自我，扪心自问是否已经将自己磨炼成了一块金子，一块熠熠生辉、足以让人一目了然的金子？

的确，一个人身处滚滚红尘，难免遭遇狂风暴雨，但这并不是苦难，而是恩赐，是上天对我们生命的打磨与锤炼。生命伊始原本就像一块质地无光的璞玉一样，需要世事的历练和打磨，才会变成像和氏璧一样的美玉。

生命是五彩光华的。面对不幸，我们不能一味抱怨，抱怨不能解决问题，我们应泰然处之，积极主动去寻找解决困难的方法。只有这样，才能将自己最终打磨成一块闪闪发光的金子。生活对每一个人是公平的，待自己成为闪闪发光金子的那一刻，你的光芒是任何人都掩饰不住的。

有一天，神父亲自登门拜访一位很久没有去教会做礼拜的教友。

教友说：“我这段时间一直没有去教会是因为这里面的事情太多了，大家在一起就喜欢搬弄是非，我很不喜欢这样的氛围。如果教会不再有这些是是非非，我就会选择回去。”

神父很是无奈，因为教会中存在这样的现象也不是一天两天了，他也无能为力去解决这样的问题。

于是，他来到老神父家里向老神父请教解决的办法。

老神父又去拜访了那个教友，那位教友还是那一套话：“什么时候解决了教会存在的问题，我就什么时候回去。”

老神父听完笑着问他：“那你有没有见过毫无杂念氛围的教会呢？”

教友摇头说道：“没有。”

老神父说：“即便有这样的教会，我劝你也不要去。”

教友疑惑地问：“这是为什么呢？”

老神父答：“这样的教会因为有你这样的人存在也会受到污染。”

面对那些不顺心的事情，我们的第一反应就是抱怨和指责。抱怨也并不是不好，但是它容易令人们陷入负面情绪中。

教友抱怨教会是非多，而事实也正是如此，教会是个大熔炉，其中有各种各样的人。但教会也有它自身的优点，一味地将注意力集中在教会的缺点上，那就容易将缺点放大，而忽略了它的优点。

试着去看事物有利的一面，那种可以使自己学习成长的部分，而不要专注那些对自身成长无益的方面。

有些志向相投的人在一起写小说，集资，不定期出版他们所写的小说，偶尔也会聚在一起交流心得。想成为作家的人有很多，但是大多数人明明没有达到作家的水准却一直抱怨命运的不公。这种人总觉得是别人不懂欣赏自己的作品。对于这些人而言，他们绝对不会承认自己的作品不好。与其这样，不如平日里多练习一下基本功。

现在小说界也需要才华横溢的新人，如果那些人的作品足够好的话，又怎么会得不到别人的重视呢？

是金子早晚会发光。如果你高估了自己的能力，并且总是认为自己怀才不遇，那么，你最终会沦为一个不折不扣的宿命论者。这类人在哪个行业都能见到。

开朗的人，多数不是宿命论者。他们在工作中尽职尽责，会努力让自己不断进步、不断成长，如果你相信命运的话，也请你往好的方面想。只有这样，事情才会向好的方向发展。

若想杜绝抱怨，首先必须做的就是学会接受，养成勇于接受困难、挑战困难的好习惯。

在《为自己出征》这本书里，有这样一句话："当你学会接受不期待，失望就会少得多。"

对周围的事急于判断，一直是一个坏习惯。有些人对待生活喜欢用自己的喜好去看问题：什么颜色不好看，哪个明星的穿衣风格不符合自己的审美要求……原本稀松平常之事都被人们贴上了"该"或"不该"的标签，难怪他们的生活越来越不美丽。这样的生活，其实是自找的。

任何事物都有正反两面。有白天就会有黑夜，有不幸的事情就会有幸运的事情。一味地想要得到自己想要的东西，是绝对不可能的。

有可能自己的不喜欢的东西正是别人喜欢的东西。

有一点必须肯定的是：凡存在必有其价值。

鸦片虽是毒品，但对有病的人来说，却是抗痛良药。运动是健康的，但对某些患有特殊疾病的人来说，却是危险且会致命的。

世间万物都是相对而言，并没有绝对可言。没有痛苦哪有欢乐，如果只想品尝成功的甘甜，而躲避困难的苦涩，只会令自己不快乐。

想要在这个世界上很好地生存，就要学会接受现实。既然如此，就要培养接受好习惯，这是对自己对他人都绝对必要的功夫。

要想生活得幸福必须学会接受，刚开始可能会感觉有些困难，但渐渐地就会习惯了，生命中的喜悦也将源源不绝地到来。苦难并不是坏事，如果你怀着积极乐观的心态去面对，苦难便磨炼了你的意志，让你变得更加坚强。似乎这样的道理人人都懂，但是又有几人能真正做到呢?

好习惯不是一两天能养成的，也不是一件容易办到的事情，它需要有一定的耐力与承受能力。既抱怨无济于事，就要寻找其他的解决办法。因此，人们必须做到一颗红心，两手准备，在培养好习惯的同时，还要磨炼自己的耐性与承受能力。

与懒惰分手，灿烂的未来就会到来

在你的身边，经常能看到因为懒惰使自己和家人的生活不尽人意的人。在人性的弱点中，懒惰具有一定的普遍性。所以，当你脑海中出现了懒惰的念头，那么这时就应该提醒自己，或是给自己一个暗示：长此以往，我肯定过不上我想要的生活。

在每个人身上，懒惰的表现程度和表现形式也不同。比如，躲在阳光下，坐在树荫下聊天，不想动身；沉迷于娱乐厅中，即便知道还有许多应该做的事也不能立刻行动起来；办事总是拖拉磨蹭；拈轻怕重，重活累活让那些表现积极的人去干；缺乏行动，总是想美好的未来会轻易实现；浑浑噩噩，得过且过……

懒惰的人总是什么都不想做，因为他们喜欢不劳而获。有一位喜欢环游世界的人，见识十分渊博，他对生活在各个不同地区的人都有着十分深刻的了解，当有人问他各个不同的民族之间有没有什么共性时，他说道：“好逸恶劳乃是人类最大的特点。”

的确，懒惰是人类进步过程中产生的一大顽疾。懒惰这个负累一旦盯上了你的话，你对生活只会是充满了抱怨和绝望。懒惰，使人不思进取，让人们面对困难时望而却步。有的人庸碌一生皆由懒惰所致。

一位本来很聪明的大学生，大学四年都是班上前几名。她很早就立志考研，可是从来没有行动起来。每天都是十点多钟才起床，不但宿舍很乱，人也没有精神。如今快三十了，学业、事业一无所成。

在我们的周围，像这个大学生一样的例子比比皆是。因为懒惰，他们曾经的才华就像生锈的宝刀，经久不练，再也没有削铁如泥的锋芒。尽管他们看起来仍跟别人一样，但是他们心中对更高远追求的火苗早已熄灭，最终让自己的一生碌碌无为。

人生不怕慢，就怕站。人一旦在一个地方时间长了，就不想去接触新鲜的事物。一旦我们停止使用我们的肌肉和大脑，一些本来具备的生理优势和能力也会在日积月累之后开始生疏、退化，最终离我们而去。更为严重的是，懒惰，会使我们的神经麻木，使我们对潜在的风险也缺乏预防和应变能力。

池塘边生活着两只青蛙，一黄一绿。绿青蛙常常会跳到池塘里捕食害虫；黄青蛙却懒得跑，常常躲在池塘边闭目养神，并嘲笑绿青蛙起早贪黑地辛苦是没有必要的。

一天，日头都升起很高了，黄青蛙还在草丛中睡大觉。它突然听到有人叫：“老弟，老弟。”它懒洋洋地睁开眼睛，发现是田里的绿青蛙。

“早晨露水粘住小虫的翅膀，让它们飞不起来，正是我们捕捉它们的好时机，你却睡大觉，不吃早餐了吗？”

“咳！嚷嚷什么，池塘中有的是食物，我不担心。”黄青蛙回答。

可是，没几天，池塘的水被用来浇地抽干了，黄青蛙睡懒觉习惯了，起不来，早晨只好忍饥挨饿。可是，黄青蛙还在等，它知道老天会有下雨的时候，不愁池塘没有水。

但是，绿青蛙还是好心地告诫它搬来跟自己一起住！绿青蛙说道，“到田里来我们不仅每天都能吃饱，还能远离危险。”

池塘边的黄青蛙不耐烦地说："干啥那么费心费时地搬到田里去住？我才懒得动！搬家可不是那么容易的。"

绿青蛙无可奈何地走了。几天后，当它再次去探望黄青蛙的时候，却发现黄青蛙早已被过往的车辆碾死了。

上述故事提醒人们，好逸恶劳是一种堕落的、具有毁灭性的行为。可以说，生活中的很多灾难与不测都是因为懒惰这个人性的弱点造成的。

随着时代的发展，人们生活水平的提高，不论年轻人还是中年人都变得有些懒散了，奋斗似乎已远离了他们。有些人小有所成后，就骄傲自满，止步不前，表现在生活或者工作中就是行动懒惰、迟缓，躺在原地而不是奋勇前进。适当的休息是应该的，可是如果长久下去，任由惰性蔓延，身心都会变得颓废消极，心如死灰，锐意进取的激情会离自己远去，从而使自己步入平庸的人生之列。

美国总统富兰克林说过："懒惰像生锈一样，比操劳更消耗身体，经常用的钥匙是亮闪闪的。"无论对于某个人还是一个民族而言，如果惰性成风，就没有希望获得进步和长足的发展。有些人因为懒惰，总想不劳而获，整日里盘算着不属于自己的东西。可见，懒惰在怎样地折磨着人的心灵，腐蚀着社会风气和人们对生活的希望。可想而知，这样的人怎能成为对家庭、对社会有用的人才。

更危险的是，懒惰还会引发疾病。你若仔细观察就会发现，那些懒散的人，连走路都拖拖拉拉。正是因为他们不愿意运动，懒得出奇，因此，冠心病、中风、高血压、糖尿病、骨质疏松症、肥胖症、结肠癌以及乳腺癌等八种大病，都会使这些懒惰者因为懒惰而患病风险大大增加。

如果你想拥有健康的身体，如果你有理想、有向往，想成为对家庭、对社会有用的人，不想平庸，就一定要有决心，改掉懒惰的恶习。将这些道理作为一种心理暗示来时刻警醒自己吧，虽然克服懒惰，是件很困难的事情，但是只要你常常保持这样心理来暗示自己，并且运用自己强大的意志力持之以恒地去改变自己的这个弱点，那么，你所渴望的灿烂的未来就会在你的行动中早日到来。

欲望越小，生活才会越幸福

古代圣贤早就说过：“一念贪私，万劫不复。”有些人因为自己能力有限，但又过于贪婪，最终把自己推入了万劫不复的深渊。“眼高手低”是人们的通病，人们总是对自己眼下所拥有的感到不满足，总是对一些没有可能的事情抱有幻想和期望，结果到头来让自己一无所有。

从前，有一个人生活拮据，家徒四壁，穷得甚至连床也买不起，只有一张长凳，他每天晚上就在长凳上睡觉。但这人很吝啬，他也清楚他的这个缺点，可就是改不了。

某日，他向神明祷告：“我发誓，我发财后绝对不会像现在这样吝啬了。”神明起了怜悯之心，就赐给他一个神袋，说：“这个袋子里有取之不完的金币，你取一个，袋子里就会再出现一个，但是这些钱必须得在扔掉这个袋子之后才能用，否则你将大难临头。”

那个穷人得到神明的馈赠后欣喜若狂，整整一晚上他都在拿金币。看着越堆越多的金币，他想这些钱这辈子他都花不完。

他完全可以在那个时候将神袋扔掉，因为那些钱足够他用一辈子，但他还是不舍得扔掉这个宝贝。于是他仍忘乎所以地从神袋里不断拿出金币，屋子里的金币早已堆积如山了。可是他心里还想着：“等金币再多一些的时候，我再扔掉神袋！”

到了最后，几天不沾米水的他饿死在堆积如山的金币面前，而这些金币他一个也没有用到。

欲望永远是没有止境的。因为很少人会满足于现在所拥有的。他们看到的永远都是那些自己所没有的。当人们在希望满足自己欲望的时候，同时也会迷失自我，并会产生一种财富和地位代表一切的错误价值观。当身边一切所珍贵的东西逐渐失去的时候，再发现，也已经为时晚矣。

做人切忌贪得无厌。想要的越多，失去的也就会越多。利欲熏心只会让我们错失美好的生活。人生是非常短暂的，我们与其去追寻那些永远无法满足的欲望，不如把握当下，享受现在我们所拥有的美好。

从下面这个故事我们就不难发现这个道理：

天空蓝得醉人，海面风平浪静。

一日上午，老渔夫悠闲地坐在海边抽着烟，凝望着大海，看着他悠然自得的样子，必然是心中了无牵挂。

就在此时，一个富翁向老渔夫走了过去。

富翁说道："这么好的天气，你还有心思坐在这里抽烟？"

老渔夫反问道："我为什么不能利用这么好的天气来抽烟呢？"

富翁回答道："这么好的天气，你应该出海打鱼。"

老渔夫又问道："我早已把鱼打好，够我吃喝好几天的了。"

富翁又说："那你还是该打更多的鱼。"

老渔夫："打完更多的鱼，我就可以抽烟了吧？"

富翁说："还是不行，你应当每天如此，然后用你打渔赚的钱买一艘大船去打更多的鱼，赚更多的钱。"

老渔夫："然后呢？"

富翁："然后你就成功了，就可以享受人生了，就可以在海边悠然自得了。"

老渔夫："那你看我现在做的是什么事情？"

富翁："……"

这是一个充满禅意的故事。富翁把赚钱当成了毕生的追求，一辈子都在考虑怎样赚钱。当他赚了很多钱之后，却忘记了该如何去享受人生。其实富翁最初追求的就是为了更好地享受人生，但是自己不断增长的欲望却使自己失去了享受生活的时间，成为金钱的奴隶，失去了人生的乐趣。

社会在发展进步，物质在日渐丰富，我们的欲求也在随之空前激增。在这个高度竞争的时代，我们每天都面对着生存和发展的压力，常常心力交瘁而疲惫不堪。可是我们是否想过，我们到底在追求什么，什么才是我们最想要的呢？一个人也许天天都在憧憬发大财、做大官、壮大名望。然后为了取得这些成功的辉煌，用辛苦和烦恼替换了一天天本该美好的光阴。就这样，为了享乐，苦了一生；为了休息，忙了一生。这是多么愚蠢啊！当然我们也不该碌碌无为虚度光阴。只有知道追求美好的目标，才是健康的人生心态。然而，凡事都要有度。乞求得太多，得到的却少，我们就会因为欲望无法满足而闷闷不乐，把享受生活的时间都浪费掉了，可谓得不偿失。任何时候，是否快乐，关键看我们对待世界的是一颗怎样的心。有些时候，快乐不是因为我们拥有的多，而是因为我们计较的少。我们快乐，我们就是真正的富翁。

托尔斯泰曾说过："欲望越小，人生就越幸福。"人生最大的苦恼，不在于自己拥有的太少，而在于自己向往的太多，自己的欲望得不到满足。向往本身不是坏事，有向往才会有向前的动力；但向往得太多，而自己的能力又不能达成，就会构成长久的失望与不满，从而让自己失去快乐，终日愁容满面。

人的欲望是无法满足的，而机会却稍纵即逝。贪欲不仅让人难以得到更多，甚至连原本可以得到的也都失去。多少人深陷股市牢牢被套，多少人沉迷于彩票弄得倾家荡产。贪婪只会给人带来痛苦，把人推入深渊。

喜欢下棋的人都知道一句古话，那就是：下棋莫贪。其实人生也是如此。贫穷的人只要一点东西，只要拥有生活必需品，就可以得到满足，生活得很快乐；而贪婪的人即使拥有整个世界还不能满足，他们永远不知足，得陇望蜀，天天生活在不满足的痛苦中。贪婪者想得到一切，但最终常常两手空空。要知道，即使我们拥有再多，也只能一天住一间房，睡一张床，吃三餐饭。

有这样一句歇后语：得了雨衣还要伞——贪心不足。要么要件雨衣，要么要把伞，二者只选一个，若两者都要，那就是贪婪。贪婪的人总是“得一望十，得十望百”，欲望的沟壑永远也填不满，又怎么能够快乐起来。“要足何时足，知足便是足。”只有抛却贪念的人，才不会因为贪婪而失去享受已经拥有的东西，才会与快乐为伴。

人最大的幸福，莫过于无私奉献

很多人的一生就是为了利益而活，在利益面前，你争我抢，试图分得最大的利益。可是，这往往会造成两败俱伤或者徒劳无功的结局。道理很简单，僧多粥少，互不相让的结果就是谁也得不到。因此，只有先想到他人，满足他人的利益，个人的利益才有保证。

做事不能只考虑自己的利益，拿人们最熟悉的推销来说，如果推销员只自顾介绍自己的商品如何好，肯定不会打动人心。很简单，他没有指出商品对消费者的作用，如消费者购买能够得到什么样的利益。因此，那些最聪明的推销员都会站到消费者的角度考虑，指明自己推销的商品能为消费者带来什么益处。这就是利他的表现。虽然是主观为自己，客观为他人，但是自己的目的也达成了。

这种推销看似简单，可是，假如一个自私自利的人心中从来就没有装着他人的利益，那么就不会做出有利于他人的行为。

在森林里，小猴和小鹿结伴出游，散步到河边。忽然，小猴发现河对岸有一棵结满果实的桃树。

小猴说：“我先看到桃树的，桃子应该归我。”说着就去过河。小鹿说：“是我先看到的，应该归我。”说着也过河去了。但小猴个矮，走到河中间，被水冲到下游的礁石上去了；小鹿虽然到了桃树下，却不会爬树，怎么也够不着桃子。

这时身边的柳树对小鹿和小猴说：“你们每个人只看到自己的利益，结果谁也得不到。改掉只顾自己的坏毛病，好好想想怎样合作才能吃到桃子，问题不就解决了吗？”

于是，小鹿驮着小猴过了河，来到桃树下。小猴三下两下爬上了桃树，摘了很多桃子，自己一半，分给小鹿一半。最后的结果自然皆大欢喜，它俩吃得饱饱的，高高兴兴地回家了。

生活中，大凡自私的人总是“我”字当头，不肯兼顾他人的利益，总是最先考虑自己的利益、感受，我要怎样就怎样，以为世界在为自己转动。其实这是一种不近情理的行为，是心智还未成熟的表现。每个人生活在这世界上，都与他人有着千丝万缕的联系，如果一个人只想到自己，只为了自己的利益行事，那他是很难在这个社会中立足的。

很显然，当我们有私心的时候，就看不到他人的需求，就不会把他人放在心上，对他人的一切都漠不关心。我们对他人漠不关心，那么他人自然也不会对我们关怀备至。如此一味自私自利，就会在不知不觉中伤害到别人，从而为自己制造许多敌人，阻碍自己的成功。因此，为了创建一个良好的人际交往环境，我们应该尽可能地为对方着想，改掉自私自利的坏习惯，培养自己的利他心。

传说在明末清初时期，苏州乡下住着一家赵姓的农民，男的常年在外谋生，妻子领着三个儿子在家种田。等孩子渐渐长大了，这位农民把田地划为三块分给每个儿子，都以种茶树为主。

有一年，这位农民从广东回家，带回一捆花苗，随便地将它栽植在大儿子的田边。谁知，无心栽花花自开，一朵朵白色的小花散发着淡淡的清香。

有一天，大儿子惊奇地发现自家茶田里所有的茶树都沾染了小白花的香气。他不声不响地采了一筐新茶，到城里卖，没想到，茶叶十几分钟就全部卖光了。消息不胫而走，前来订购“香茶”的人挤满了大儿子家的庭院。这一年，赵家大儿子卖“香茶”发了财。

他的两个弟弟知道后，认为哥哥的“香茶”是父亲栽种的香花所致，因此，赚来的钱应该平均分配。哥哥当然不答应。兄弟间为此一直吵闹不休，最后找到乡里的一位老秀才，让他评理。

老秀才得知三兄弟吵闹的原因后说：“你们知道吗，香花就是财神菩萨，他来到这里本来是为了让你们发财，可不是为了让你们因为各自的利益而闹得四分五裂。如果这样，你们谁也得不到香花了。”

老大听了老秀才的话后，首先提出把自己的地和两个兄弟换一年，让他们也发发财。可是，两个兄弟想到这样会有损哥哥的利益，于是，他们谁也不再提分取利益的事情，而是团结起来，共同栽花，你浇地，我施肥，谁也没有怨言。这样，在哥哥的帮助下，两兄弟都种上了这种开小白花的茶树，一家人共同致富。后来，全村的乡亲在他们的带领下都发了财。

有一颗利他的心，并不是说不要个人利益，而是要明白，只有想到他人，让他人的利益得到满足，做到我为人人才能享受人人为我的成果。而且这种成果通常比自己奋斗得到的要大得多。因此，为人处世，不能不明白这个道理。

一个具有利他精神的人，不会对小事和别人斤斤计较，更不会把别人视为自己利益的绊脚石，而是懂得包容别人、与人合作，把帮助他人作为一种快乐。这样不仅有益于人际交往，也有利于自己的身心健康发展。

一个具有利他精神的人，不仅表现在不争名逐利，敢于舍弃自己的利益来维护大家的利益，还表现在大难当头时能够舍生忘死，大公无私并且因公忘私。

在很多年以前，新疆发生过一场火灾。在熊熊烈火中，一位女教师一直在组织学生撤离，但她却被毒烟熏倒在地。就在倒地的瞬间，她还没有忘记用自己的身体保护着两个没有撤离的孩子。在被营救时，她的头已经被烧得只剩下了骨头，可她身下的两个孩子却还有一个仍旧活着。这种大无畏的精神让现场的每一个人都无比动容。

死去的孩子的家长看到这个场景，深情地说："在学校，把孩子交给您，我放心；在地下，我的孩子跟您走了，我仍然放心！"

试想，如果这位女教师只有保全自己的私心，她能够做出如此的壮举吗？绝对不会。当时，在灾难面前，有的教师为了保全自己的性命抢先逃出来，不管学生的死活。这样的教师将永远遭到人们的唾弃。

人所能得到的最大幸福、最自由快乐的心境，莫过于无私的奉献。尽管无私并非都要舍弃生命去换取，但是，如果平时自己的心中没有无私和关爱他人的情怀，即便在别人大难临头，也无法表现出来。中外历史上那些被人们所称道的英雄们无一不是公而忘私、舍小家为大家的人，因此，他们的英名永远为人们所牢记。因此，只有一个人不计个人利益得失，面临重大的考验时，才会首先考虑以大局为重，维护集体利益乃至他人的利益。

尽管在这个世界上每个人都会有自己的需求，每个人都想让自己的日子更舒适一些，但是绝不能让自己变为一个十足的利己主义者，那样等于自我降低人格。只有境界高远、胸中装有他人和社会的人才能称为一个高尚的人。

第五章
沟通暗示力：用语言拉近彼此距离

当你与人交谈之时，他所说的话能够直接通向你的心灵，与你产生共鸣，相信没有人能够拒绝这样的沟通。想要做到心灵沟通，关键在于要明白说话对象属于哪一类人，你们之间处于怎样的关系之中，这样再“攻其心”，顺应他的心思来说话，就能达到沟通的目的。这就是所谓的沟通暗示力，用语言拉近彼此之间的感情。

“南腔北调”你都得懂点

在《官场现形记》第三十八回中，作者李宝嘉这样写道：“要嘴巴会说，见人说人话，见鬼说鬼话，见了官场说官场中的话，见了生意人说生意场中的话。”这里着重指出的就是，在社交场合中，应对操着“南腔北调”的人都要有一套，尤其见什么人说什么话是至关重要的。说白了这就是一种语言的暗示力。人们在说话办事的过程当中，应变能力一定要强，要根据其身份说一些迎合对方心理的话，这样才能赢得对方的好感，从而进行良好的沟通。

聪明的人都懂得，见什么人说什么话是为了尊重谈话对象，而不是一味讨好对方，同时也是为了更好地与之交流。但是有些人却不懂得这个道理，将之与见风使舵、两面三刀、曲意逢迎等小人行径联系到一起，表现出相当的不屑。然而，这样的人在自己说话的时候往往不管对方的好恶而信口开河，胡拉乱扯，以致招来对方的不快，甚至反感和厌烦。不知不觉中便得罪了不少人，也给自己制造了不少麻烦。

俗话说："伴君如伴虎。"自古以来，那些常伴皇帝身边的人都需要揣度皇帝的心意说话，否则一旦引起皇帝的反感，很可能就会招来杀身之祸。因此，这些人为讨皇帝欢心，也为了保住自己的项上人头，自然要练就会说话的本事。

唐高宗即位以后，一心想立武则天为皇后。但是武则天曾是先帝妃嫔，因此遭到长孙无忌、褚遂良等元老大臣的一致反对。不过，立后这样的大事还是需要召集大臣们一同来探讨的，长孙无忌、褚遂良等大臣抱定了反对到底的决心。

顾命大臣之一的李责力明白，想要推翻皇帝的打算自然是行不通的，但是碍于同僚们的坚持，又不好公开表示赞成。于是在单独面见唐高宗，被问到的时候，他是这样回答的："这是陛下的家事，何必问外人呢？"

听了这句话，唐高宗露出了笑容，并因此下定了决心，立武氏为后。

李责力的这一回答可说是非常巧妙，既遂了皇帝的心意，又委婉地给皇帝提供了一个让其他大臣无法反对的理由，并且自己也不会被他人非议，一举三得。官场如此，人生更是如此，这就是语言暗示的魅力，它让自己可以全身而退。

在松下公司还是一家小工厂的时候，老板松下幸之助总是要自己出去推销产品。

有一次，松下幸之助碰到了一位中年女性，她是这个地方出了名的"杀价高手"。松下幸之助看得出这位女性很喜欢自己的产品，但是她还是希望能够以最便宜的价格买下来。

在对方不断挑剔还价后，松下幸之助开了口：“女士，我们是家小工厂，没有很多的资本，也没有很好的工作条件。酷暑夏日，工人们在炽热的铁板旁加工制作产品，汗流浃背，努力地工作就是为了让像夫人您一样的女士能够生活得更好。好不容易制作出来的产品，却因为我们的名声不够响亮，而不能依照正常的利润计算方法那样去卖，您知道，依据那样的方法计算的话，每件至少要……”

松下幸之助诚恳的态度让这位女性不得不专注地听完他的这一番话。人非草木，孰能无情？尤其对于心肠柔软的女性来说，一番恳切的话语比任何热情的推销语言都要打动人。女士信任地笑了笑说：“你是个很好的老板，很体谅员工，如果我的儿子也能遇到你这样一位老板就好了。好吧，就按你说的价格买了。”

语言暗示力可以帮助你拉近与他人之间的距离。换而言之就是：如果一个人在与你交谈的时候，他所说的话能够直接通向你的心灵，与你产生共鸣，相信没有人能够拒绝这样的沟通。想要做到心灵沟通，关键在于要明白说话对象属于哪一类人，你们之间处于怎样的关系之中，这样再“攻其心”，迎合他的心思来说话，才能达到沟通的目的。

人只有一张嘴，却有两只耳朵

人只有一张嘴，却有两只耳朵，似乎在暗示人们要多听少说。生活中，善于倾听的人才算是有魅力的人。尊重别人和赞美的方式之一就包括倾听。大家都知道，在人际交往中，那些能说会道的人不是最善于与人沟通的高手，真正的高手是那些懂得倾听，善于倾听的人。也许你会认为，在人际交往中我们都没和对方说几句话，何谈给对方留下深刻的印象呢？可是大家忽略了一点，正是善于倾听让我们给对方留下了良好的感觉。

乔·吉拉德花了近一个小时的时间好不容易让他的顾客下定决心买车，接下来的步骤很简单：仅仅是把顾客带到他的办公室，签好合约。

就在他们走向乔·吉拉德办公室的时候，那位顾客突然说起了关于他儿子的事情。

顾客十分自豪地说："乔，想必你一定知道普林斯顿大学吧？我的儿子被那所大学录取了，他将来就要涉足医学这个行业了。"

乔·吉拉德回答："真是太了不起了。"

当两个人继续向前走的时候，乔·吉拉德并没有看向自己的那位顾客，而是往四周看其他的顾客。

"乔，我儿子很聪明吧！当他还是婴儿的时候，我就发现他非常的聪明了。"

"哦，那还真是有才华啊。成绩相当不错吧！"乔·吉拉德嘴里应付着，眼睛却像雷达一样在四处看。

"当然了，没错！他是班里最棒的一个。"

"这么厉害！想必一定有一个很不错的专业吧？他将来要做什么呢？"乔·吉拉德心不在焉。

"乔，我刚才已经说过了，我认为你并没有认真听我说，我儿子考上了普林斯顿大学，以后要当医生。"

"哦，那太好了。"乔·吉拉德说。

那位顾客觉得乔·吉拉德不是很尊重自己，于是，顾客打了一声招呼便走出了车行。乔·吉拉德木讷的站在原地，因为他还没有意识到自己究竟哪里做错了。

次日上午，乔·吉拉德一上班就给昨天那位顾客打电话，诚恳地致歉道："我是乔·吉拉德，昨天是我照顾不周，希望您能原谅，现在我们这里有一款新车，您能来一趟车行吗？"

电话那端，顾客不耐烦地说道："哦，原来是这个星球上最伟大的推销员先生啊，抱歉地说一句我已经买到了新车，而且是一辆很棒的车子。"

"是吗？"

"没错！我是从一个懂得倾听的推销员那里买到的。乔，要知道，当我对他提到我儿子让我多么骄傲的时候，他是多么认真地听，而不是东张西望。"顾客接着说道："你知道吗？乔，倾听对一个人来说就是尊重，我儿子当不当医生对你来说并不重要。对你来说，谁签不签合同才最重要！顾客的好恶你完全不在意，也不懂得如何去认真聆听，真是个笨蛋！"

在那一瞬间，乔·吉拉德才恍然大悟：原来自己犯了个如此巨大的错误——没有人会喜欢不认真倾听自己讲话的人。

因此，我们在日常交流中，要多听听他人的诉说，满足他人倾诉的愿望。人都是这样，只有感到别人认真听自己的倾诉后，才会有一种被尊重感，继而才有了更深入的谈话。年轻人只有认识到这点，为人处世才会变得顺利，那么离成功也就不远了。

美国著名谈话节目主持人奥普拉是鲁豫的偶像。鲁豫和奥普拉相似之处都是以亲切知性的邻家女孩形象出现在电视荧幕上的，很多人都是为她们那种轻松随意的谈话方式所征服，尤其是那种"倾听式"的主持风格让人印象深刻。

在《疯狂教授易中天》一期节目里，鲁豫的主持风格一如既往，使节目收到了良好的效果。例如，鲁豫想了解学校授课以及电视讲座之间的区别时，就向易中天提了一个问题："您有这么多年的讲课经验，积累了这么多年，所以在《百家讲坛》讲课也并非一件太难的事吧？"

这个问题就刚好问到了易中天作为一个教授对授课方式的理解，因此必然能激发他的诉说欲望，而且提问方式并不直白，从而灵巧高明地激发了易中天的“诉说”欲。于是，易中天在接下来用一句“难啊”作为开头，开始用大段的陈述来讲明自己对两种讲课方式的体验，从“以前有很多学者在《百家讲坛》失败的经历”说到“电视观众和学生的不同反应情况”，从“电视剧与话剧的区别”说到“电视讲座所要借鉴的戏剧要素”，像打开的水龙头一样。

在易中天的讲述过程中，除了一处必要提问外，鲁豫和其他观众一样都是在扮演着倾听者的角色。正是这种倾听的氛围反而使易中天情不自禁地展开了更宽广的话题，也使观众们更深入地了解了易中天，当时节目现场也是掌声不断。

倾听的心理暗示就是对别人的尊重。有时候对别人最好的尊敬就是倾听。专心地听别人讲话，胜过你给别人很多的赞美。不管说话者是什么人，倾听能达到的功效都是一样的。人们的共性就是把关注度放在自己的兴趣和喜好上，同样，当你在谈论自己的时候，对方在全神贯注地听你讲，你心中也会自然而然产生一种被重视的感觉。

一句赞美拉近彼此距离

马克·吐温说：“一句赞美的话，能让我不吃不喝活上一个月。”而犹太人有一句谚语也说：“唯有赞美别人的人，才是真正值得赞美的人。”可见，赞美的暗示作用是多么神奇和强大。

那些有心计、会说话的人都有一双善于发现别人优点的慧眼，并且很乐意把别人的这些优点说出来。那是因为他们知道逢人多说赞美的话，能创造和谐的谈话氛围，消除人与人之间的隔阂和怨恨，能增进朋友之间的感情，让事情办得更加容易更加顺利。

一家公司想要装修一座现代化的写字楼。家具公司的工作人员曲清听到消息后，马上上门去推销自己公司的办公家具。

一进门，曲清就对负责订购事宜的杨经理说："呦，好气派！我从来没有见过这么漂亮的办公室。"坐下后，曲清用手摸了摸椅子的扶手，说："这是红木的吗？太好了，我推销了这么久的家具，从没见过像您这样有品位的，一看这些家具，就知道您是一个十分懂得享受生活的人。""哈哈，是吗？"杨经理的荣耀感油然而生。之后，他兴致勃勃地带着曲清参观了整个办公室，介绍公司的装修材料、色彩搭配、设计比例等等。结果可想而知，曲清的推销很顺利地就成功了。

恰当的赞美能让人心情愉悦、精神振奋。曲清开门见山的赞美很快就让对方陶醉了，对方自然能愉快地答应他的请求。

在人际交往中，多说赞美的话就有这样的妙处，甚至很多大人物成名之后，也从来都不曾忘记赞美别人。因为他们知道适当地赞美别人，不仅可以获得别人的好感，还可以和对方在心理上、情感上拉近距离，让他们心甘情愿地为自己工作。

有一次，美国石油大亨洛克菲勒的一名职员在进行一项交易时出现失误，损失了100万美元。这位职员知道这是自己的疏忽，所以心里已经作好了被老板教训的准备。当洛克菲勒了解到这位职员已经倾尽全力将损失降到最低，就对他说："我非常感谢你，要不是你的努力，公司将会损失更多。我代表公司谢谢你帮我们保住了至少60%的投资，非常感谢。"

这位职员在听到洛克菲勒说的这些话后，心里非常感动。从那以后，就更加努力地为洛克菲勒工作了。

员工紧张、愧疚的情绪不仅被洛克菲勒的赞美之词消除，洛克菲勒还因此拉近了和员工之间的距离，赢得了员工的尊重。试想，如果你是这位职员，听到了这样的话，你会不对这样的老板忠心吗？

当然，赞美不是阿谀奉承、巴结讨好，年轻人一定要讲究赞美的技巧和方式。要赞美对方，就一定要抱着坦诚、真挚的心意以及认真的态度。若你说话的态度很轻率的话，反而会给对方留下不好的印象；当然，如果你赞美得太离谱，别人会觉得你太夸张，不靠谱。

在人际交往中，对别人的批评和挖苦若是用赞美去替代的话，会得到事半功倍的效果，要知道这才是使你的人际关系变得融洽的最有效的方法。

笑了就好办事——幽默是打交道的绝技

一位著名的心理学家曾经说过："幽默是一种最有趣、最具感染力以及最具有普遍意义的传递艺术。"幽默具有强大的暗示力，幽默可以让来自五湖四海的人们都能感受到我们的热情，欢笑过后，原来紧张的气氛也会被一扫而光。一个懂得幽默并且能时时运用幽默的人总能得到很多的朋友，因为他给别人带去的总是欢声笑语，他将快乐分享给众人，而人们也总是愿意和快乐在一起。由此可见，幽默的人是多么受到人们的欢迎。

在德国柏林举办的一次空军军官俱乐部宴会上，最尊贵的客人就是赫赫有名的乌戴特将军。大家在宴会上来回地敬酒，自然这位将军是被敬的最多的人。后来，在轮到一位年轻的军官时，他十分激动，竟不小心把杯里的啤酒都倒在了将军的头上。

大家看到这一幕时都傻了眼，不知道该怎么办。这时，坐在将军旁边的人急忙帮他擦身上的啤酒。可将军却摆摆手说："这位兄弟，你觉得你的这种方法对我的头发有效吗？"大家愣了一下便都笑了起来。原来，这位将军是个秃头，他把自己这次挨淋自嘲为对方的一次生发方法，这不禁让在场的所有人都佩服乌戴特将军的幽默和大气。

可见，幽默不仅能将快乐分享，还能避免不必要的尴尬。尤其是我们在拒绝别人时，如果采用直接的方式拒绝，有可能别人会接受不了；但如果采用幽默的方式拒绝，那效果就不一样了。但是，幽默也要分场合，要有度，更要有合适的对象，因为幽默并不是简单地说几句笑话，而是一门艺术。

1934年，"作家访问记"专栏在《人世间》杂志诞生了。鲁迅当时也接到了该杂志的邀请信，信中邀约鲁迅前往该杂志社接受采访，并以书房为采访背景，再拍一张鲁迅与许广平、周海婴的合照。鲁迅的拒绝方式很幽默，他写了一封这样的信：

"作家之名颇美，昔不自重，曾以为不妨滥竽其例。近来悄悄醒悟，已羞言之。头脑里并无思想，寓中亦无书斋，'夫人及公子'更与文坛无涉，雅命三种，皆不敢承。倘先生他日另作'伪作家小传'时，当罗列图书，摆起架子，扫地欢迎也。"

从上例中可以看出鲁迅这种幽默的拒绝法是多么的智慧，我们不妨也多向他学习学习。

一个人想要幽默并不一定非要天生具有幽默细胞，只要在日常生活中多观察、多体验，就能学会如何让自己更具幽默感。起初，你可以记住一些笑话，以备在需要的时候拿出来和大家分享。接下来，当有了讲笑话的经验之后，你就要让幽默感在自己的身体里生根发芽，同时还要锤炼自己的语言艺术。只要照此方法多加练习，慢慢地，你就会发现自己也可以成为一个谈吐幽默的人。

请跟着我的话语走

要说服一个原本不愿意做某件事的人去挑战某件事情，绝不单单只是依靠批评。高超的本领和富有表现力及说服力的风度可以让你真正感染到别人，别人因此而认同你的观点，从而心甘情愿地为你做事。

想要说服一个人，就要注意词语使用的恰当程度，是否能让对方感同身受，是否能让对方有愉悦感。声调和谐悦耳，艺术韵味浓郁，创意新颖，富有艺术感的语言才能具有美感，才具对心理的攻击力，从而达到说服他人的良好效果。

一个人不论在生活中还是工作中，是否能达到自己的目的，在很大程度上都取决于和别人的沟通。在工作中你可能常常会有这样的疑问：自己工作能力不比别人差，工作态度也是勤勤恳恳、兢兢业业，这么多年了领导就是不赏识你，久而久之你就会对自己的能力产生怀疑。可事实上并非如此，关键原因是你不善于沟通，没有让领导认识到你的能力所在。

在广州某星级酒店，一位外宾在就餐后，顺手牵羊把精致的景泰蓝筷子悄悄地放在了衣兜里。

这一幕恰巧被在一旁的服务员撞了个正着，只见她缓缓走向这位外宾，双手向这位外宾递送过来一个装有景泰蓝筷子的小盒子，并且对这位外宾说：“在您就餐的时候，我发现您对我们的筷子爱不释手，感谢您对我国工艺品的喜爱。为了表达我们的感激之情，我代表酒店，将这双严格消毒并图案精美的景泰蓝筷子送给您，并按照酒店的‘优惠价格’给您打个折扣，您看好吗？”

这位外宾自然也明白了服务员的意思，在表达了谢意后解释说自己喝多了，所以误将筷子放进了自己口袋。然后，给了自己一个“台阶”下，说：“筷子没有消过毒是不能使用的，我就‘以旧换新’吧！”说着，将筷子放在了桌子上。

人人都有做错事情的时候，但是，多数人为了保全面子都会说些谎言给自己个台阶下。如果总是直言相对不讲究方式方法的话，只会使事态变得更严重。你给对方留有余地，一般来说，对方也会买你的账，而且，还会因为你的嘴下留情而感激你。

一家商场来了一位顾客，要求退换一套西装。这套西装明明已经开封穿过，并且商标也被撕了下来，只是她丈夫不喜欢，她坚持说“绝没穿过”。经售货员检查后发现该西装明显有干洗过的痕迹。但是，顾客已经说过没穿过，并且伪装了穿过的痕迹，如果直言了当地去说，肯定会发生争执。

于是，售货员换了一种方式委婉地说：“是不是您家里的某位成员把这件衣服错送到干洗店了。我之前也有过类似的经历，我把刚买的衣服和旧衣服都堆在了沙发上，结果我丈夫没注意就把所有的衣服都塞进了洗衣机。因为这件衣服的确有已经被洗过的明显痕迹，所以，我怀疑您是否也遇到了类似的情况。要是您不相信的话，您可以拿这件衣服和同款式其他衣服对比一下。”

顾客比较了一下后知道没什么可说的了，而售货员已经给了她一个台阶下，给她留足了面子，于是她顺水推舟，将衣服收起。

能否巧妙地运用恰当的语言艺术来感染对方，关系到你是否能够去说服别人。

常言道“得饶人处且饶人”，人都是有尊严的，每个人的尊严是不允许别人轻易践踏的。如果仗着自己有理，就一味去指责别人，肯定会让事情陷入到更糟糕的境地。一句或两句体谅的话，不仅能保住他人颜面，还能体现出你的宽宏大度。

良言三冬暖，恶语六月寒

俗话说："良言三冬暖，恶语六月寒。"有些人说话直来直去，不注意语气含蓄，就会让对方觉得话如针刺，难以忍受。也许，你是有什么说什么的人，本身或许并没有什么恶意，有时甚至出于好心，但它造成的后果却不堪设想。

韩嘉是一家公司的中级职员，她的心地好是大家公认的。可是一直升不了职，和她同年龄、同时进公司的同事不是外调独当一面，就是成了她的顶头上司。另外，虽然表面上别人都夸她是个好人，但她真正的朋友却没有几个。

那么，是什么原因造成了她和同事关系的表里不一呢？其实就因为她那张直来直去的嘴，说话不经过思考，影响了她和同事之间的关系。

有一次，韩嘉的上司午休回来晚了，而且满脸通红，显然是刚喝了酒。上司一走进公司就直奔自己的办公室，很明显是不想别人知道自己喝了酒。但韩嘉偏偏不识相地打了声招呼："经理回来啦，喝多了吧？"一语毕，整个办公室气氛异常尴尬，上司也只得苦笑着离开。

类似的事情经常在韩嘉的身上发生。又一次，一位女同事带着一个很漂亮的名牌皮包来上班，同事们都争相试背。韩嘉看了一眼却说："很明显是假货，也就你才看不出来是假的。"其实，大家早都知道是仿品，只是觉得没有必要说破，而韩嘉却毫不掩饰地道出实情。不用说，这个同事当时一定恨死她了。

像韩嘉这样什么事情都直来直去的女人，又怎么会有好人缘呢！往往，同样的内容和事实，因关不住自己的舌头，直来直去，就会让言语变成一把刀，刺得人心里流血。对方还会因此厌恶反感，甚至心生报复之念。相反，含蓄的语言往往比直言更易于让人接受，让对方听了心里甜丝丝的，从而对其心生好感。

还有些人，为了处处显示自己的聪明，总是和别人争辩，并且想成为最终的胜利者。这样的“硬碰硬”，既不能让对方心悦诚服，还会伤了彼此的和气。倒不如采取间接的、柔和的方式把你的想法渗透给对方，使对方更容易接受。多倾听和征询别人的意见，少做一些不容辩驳的直言和争论，哪怕你觉得自己是对的。尽量做一个站在旁观者位置上的当局者，给自己的舌头筑道墙。

晏子是齐国一位非常有才干的政治家。一次，齐景公命他去治理东阿，晏予非常高兴地接受了这个任务。可是三年后，很多人都进京状告晏子，景公因此而非常恼怒，便下旨将晏子召回京城，并且准备罢免他的官职。

晏子并没有在景公面前为自己辩解，而是向景公“认错”。为了找机会澄清真相，晏子非常谦恭地说：“大王，臣已知错，请大王给小臣三年时间，小臣一定会让别人对我刮目相看。”齐景公看见晏子言辞恳切，就准予了他的请求。

三年过去了，齐景公陆陆续续收到了很多称颂晏子的奏章。齐景公因此而大为高兴，准备封赏晏子。不料，晏子却不肯接受齐景公的封赏。

在齐景公的再三追问之下，晏子才道出了事情：“初到东阿，臣施行惠民政策，触及了坏人的利益，于是他们就在暗地里对我打击报复，进京来告我的黑状。”

晏子舒了口气继续说道：“再到东阿，我施行利于权贵的政策，这些人一看他们的利益不再被触及，于是便买通人到处称颂我，传到您的耳里，您也信以为真了。如果是三年前您封赏我，臣一定接受。所以大王，这次的封赏我是接受不了的！”

晏子言毕，齐景公恍然大悟，知道是自己当初冤枉了晏子。看到晏子是一位德才兼备的良臣，便任命晏子担任更重要的职务。

有心眼的人，即使在生气的时候，也会克制住情绪，不让恶语破口而出，以免伤害别人。因为，他们懂得，有什么说什么，不论是对人或对事，都会让人受不了。它会导致我们的人际关系出现阻碍，让别人离我们远远的，免得一不小心就要承受打击。有时候，揭发某事的做法，去攻击某人的不公，都会成为别人利用的对象。

其实，人性使然，几乎每个人都有一个内心堡垒，需要将真正的自我隐藏在里面才会觉得安全。你有什么就说什么，就恰好把这堡垒攻破了，把藏在里边的人生生地揪了出来。赤裸裸地暴露出来，当然会让人觉得不爽，他怎么能对你产生好感呢？不妨控制自已，给自己的舌头筑道墙。

名字是你我之间的纽带

戴尔·卡耐基说："一种既简单又最重要的获取好感的方法，就是牢记别人的姓名。"这就是名字暗示的特殊魔力，无论对于谁，传递给他的最甜美、最重要的声音就是他的名字。记住对方的名字，是一种最真诚的赞美，是获得对方好感的最简单、最重要的一个方法。

李雪是一个很有心的女孩子。每年，她都会把小学、中学、大学的毕业照拿出来，看着那些熟悉的同学的脸庞，一一说出他们的名字，这似乎成了她每年必做的"功课"。正因为时常有"复习"，所以碰上多年未见的同学，一时想不起名字来的尴尬事从没发生在李雪身上。

在20年之后的一次小学同学聚会上，当很多人都忘记了对方的名字的时候，只有李雪还能清楚地说出在场的每一位同学的名字，并且还会不时地说出谁比小时候变得更漂亮了，谁比小时候变得更温柔了之类的话。当晚，李雪成了最受欢迎的人，大家都争相和她聊天，邀请她跳舞。当然，如果李雪需要帮助，老同学们自然愿意出手相助。

牢记别人的姓名是非常重要的，因为你能热情叫出对方的姓名，从这个过程中就体现出你对别人的尊重，进而让自己给对方留下一个好的印象。

在这方面，拿破仑给广大朋友们做出了很好的榜样。拿破仑经常询问士兵的家庭情况，并且他能够准确地叫出每一个下属的名字。他喜欢在军营中和军士们交流，因为这样可以增进上下属之间的感情。拿破仑的这种做法不禁让他们的下属感到意外：他们做什么，他们的皇帝竟然都知道。这种做法，让每个军官都感到自己有种被重视的感觉，也使他们对拿破仑忠心耿耿，甘愿效劳。

拿破仑的做法是值得大家学习的。每个人最敏感的莫过于自己的名字。一般而言，如果你能准确说出对方的名字，更能让彼此之间的距离拉近。记住对方的名字，无疑也是对对方的一种尊重。可以说这是一种最简单的感情投资方式，能让你在与对方今后的交往中打下良好的基础。

王思有一项值得骄傲的本领，就是只要是打过招呼，彼此做了介绍的人，她都能记住对方的名字，第二次见面的时候绝对不会忘记。她有记名字的技巧，其实她的技巧并不复杂。如果是初次见面，对方介绍自己姓名不是很清楚的时候，王思就会说："抱歉，麻烦您再说一次，我没听清楚。"如果碰到别人姓名里有生僻字的时候，她就说："这个字怎么写？"

在谈话的过程中，她又会把对方的名字重复说几遍，试着在心中把它跟对方的特征、表情和容貌联想在一起。

甚至有时候她回家后，会把对方的名字记在纸上，仔细看，并在心里默默诵念，以加深记忆。就这样，名字在她心中就留下了深深的印象。

虽然记住别人的名字看似是小事一件，但能记得别人名字，并准确说出来，体现出别人在你心目中的重量。这不仅有利于拉近彼此的距离，实现合作，还能体现出你的修养和文化涵养。

在现实生活中，我们经常会遇到类似这样的情况，觉得对方眼熟就是想不起对方的名字，或者是把其他人的名字错称为对方，这样往往使自己陷入尴尬的境地。如此一来，你也就难免给对方留下了不好的印象。

记住别人的名字是一种拉近感情和沟通的重要手段。你要想拥有好人缘，必须善于记住别人的名字。

不走直线，绕个弯子会更好

生活中，虽然我们常说说一不二。但在人际交往中，有时为了避免伤害他人，我们就必须在说话的方式方法上多加注意，将要表达的意思换一种方式表达出来。说话做事快人快语，往往容易将事情搞砸。

在特定的场合，为了避免给自己找麻烦，换一种方式来表达，往往能收到意想不到的结果。

生活中这样的事情也比比皆是。假如有人请你帮忙，但这事又是你力所不及之事，此时你要直言拒绝，一定会伤害到对方的情感，那么该怎么办呢？不妨让我们看看下面这个故事，或许给你带来一些启发：

有一次，林肯在某个报纸编辑大会上发言，他说自己不是一个编辑，但却出席了这次会议，所以说这和他的身份是很不相称的。为了解释清楚他不适合出席这次会议的理由，他给大家讲了一个小故事——

“有一次，我和一个骑马的妇女在森林中不期而遇，于是我停下来给她让路，可她也停了下来，并且一个劲地盯着我看。”

“她说：‘我发现你是这个世界上最丑的人！’”

“我说：‘那我也没有办法啊，你有什么高见吗？’”

“她说：‘丑不是你的错，错就错在你出来吓唬人’！”

有时说话不能太直，否则就可能会伤害到别人的面子。

假如在舞会上有人邀请你和他共舞一曲，但你并不想和他跳舞，可以说：“不好意思，我累了。”如此，既没有伤害到别人的自尊，又达到了拒绝的目的。

为了避免直言造成的伤害和误会，我们可以运用含蓄的方式来表达自己的初衷，以此来使对方了解自己的心意，这也不失为一个妙招。

一次，某乡党委在工作考勤等方面作了一系列规定，其目的就是为了加强管理力度。乡党委决定由一位有多年工作经验的老同志来执行这个考勤制度，但这位老同志认为这差事是个得罪人的差事，所以他不愿意干。于是他说，自己曾经因为工作太认真而得罪了不少人，现在正因此吸取“教训”呢。

听他言毕后，乡党委书记委婉地讲了一个故事：某导演为了一部电影四处寻找适合该电影的演员。某日，这个导演发现了一个十分适合这部电影的演员，并且通知了他试镜的时间。这个人十分高兴，打扮一番后总觉得自己哪里还是有不得体的地方。最终他发现原来是自己的两颗“犬牙”式的牙齿看起来很不舒服，于是他去医院拔掉了这两颗牙齿。后来，他如约前来试镜，导演一见到他就大失所望：“对不起，你把我们电影里想要的东西全给毁了，你的形象已经不再符合我们这部影片了。”

当书记说完这个故事后，这位老同志也明白了故事的含义，这项工作正式需要像他这样品质的人来完成，最后他欣然领命任职。

在人际交往中，锋芒毕露虽说也是一种本事，但有时候却比不上婉言相告来得事半功倍，所以说委婉也是人际交往中必不可缺的一种“技巧”。

我会“打圆场”，也会“和稀泥”

在复杂的人际交往中，人们不仅要学会察言观色，还要学会打圆场。在需要“圆”的时候圆通一些，这样才能在复杂的人际交往中有立足的根本。我们如何理解打圆场？打圆场大致是这样一个概念：调解纠纷，化解矛盾，避免尴尬，打破僵局。

“打圆场”是以特定的言语去缓和紧张气氛、调节人际关系的一种善意的语言行为。

经研究表明，没有人愿意将自己的隐私曝光，若一旦被曝光，人们会因此感到难堪和愤怒。因此，在生活中，我们应尽量避免涉及别人的敏感区，避免让对方出丑，如果发生了尴尬，那就要运用恰当的打圆场手段去化解，并且点到即止。

清末江夏知县陈树屏在张之洞与抚军谭继询关系不和的关系中就能左右逢源，巧妙将二人矛盾化解，两头不得罪。某日，陈树屏在黄鹤楼宴请张、谭二人及其他官员。席间有人谈到江面宽窄问题。谭继询和张之洞因为五里三分和七里三分的问题争得面红耳赤，宴席上的气氛顿时紧张起来。陈树屏知道他二人是借机发泄对彼此的不满，为了不让气氛变得更为尴尬，他灵机一动地向张、谭二人解释道：“江面水涨就宽到七里三分，而落潮时便是五里三分。二位大人所言非虚，都是言之有理，为何还要争呢？”张、谭二人听了陈树屏的话也明白有打圆场之意，二人顺着台阶给了陈树屏这个面子。最后，二人拍掌大笑，这件事也就不了了之了。

我们在生活中离不开打圆场这种行为。从客观而言，别人出丑时你去打圆场，别人会因为你的解围而感激你。从主观方面而言，自己若陷入尴尬时，给自己打圆场不仅能给自己自圆其说，还能让自己摆脱尴尬的境地。

从前，有一个做事干练的道台，他做事的方式让大小官员都为之钦佩。某日，一位洋人上街，因为有些小孩子没有见过洋人，所以就一直跟着这个洋人。洋人因此而大为恼火，拿起棍子就追打那些小孩子。其中有一个小孩子因为躲避不及被洋人打在了太阳穴上致死。小孩的家人一齐上来，要捉外国人。洋人举起棍子就是一通乱打，又打伤了好几个人。这样一来，激起公愤，大家合力才把这个洋人擒住。这么人命关天的大事，偏巧肇事者又是个洋人，这让官员们十分棘手。

事情移交到这位道台大人这里，他马上就将和稀泥的招数用上了。他深知湖南民风彪悍，此事如果办不好，恐怕乡绅聚众闹事。不如先把官场难事告知这些乡绅，让他们聚众去外国领事馆闹事，外国领事看见老百姓行动起来就会害怕。到这时，再由官府去说服百姓。而外国领事见他压服了老百姓，也会感谢官府。于是，他马上前往拜会几个当地有威望的乡绅，要他们齐心合力去为百姓申冤，而且还为国家争了面子。此话一出，大家都一致称赞道台是个好官。

之后，他又去告知领事，说如果这案子判轻了，害怕老百姓不服前来闹事。外国领事听他这么一说，一看窗外围着黑压压的人群，不免有点害怕。道台又说：“领事大人不必害怕，只要此事处理妥当，必然没事。”

案子判完后，道台大人两边都落了好。

这位道台观察了两面的情况后，出面打圆场，成功地化解了一场动乱。

打圆场的目的就是为了息事宁人，让双方都对处理结果满意，当然要提前根据情况做好分析。上面的故事就是个很好的例子。

不管是哪个行业的人都要学会察言观色，学会“和稀泥”，懂得“打圆场”，这是人们在这个社会为人处世的一些基本技巧。

日常生活中，经常会遇到同事之间，朋友之间，因意见不同而造成尴尬的气氛。其实人有长短，面无厚薄。人人都有自尊，人人都要面子！有涵养的人自然懂得给别人留面子，把大事化小，小事化了。即使发生了尴尬，他们也知道怎样把“圆场”打好。

“打圆场”不是一味两面讨好，充当“老好人”，而是一种从善意角度出发的语言艺术。将这种语言形式的尺度把握得当，能让你在生活中化解许多的尴尬，摆脱许多不利的境地。

第六章
挫折暗示力：没有失败，哪来的成功

一些人在遇到挫折时会感到痛苦，丧失信心，但挫折却不一定是件坏事。当我们遇到前进的障碍时，只要你愿意，任何一个障碍都可以成为超越自我的契机。当你因挫折而变得坚强时，你会因此而感谢挫折。所以挫折的暗示力告诉我们，没有失败就没有成功。

灾难像刀子，你握刀刃还是刀柄

大家喜欢用一帆风顺来祝福别人，但这只是个祝福。实际上，世界上绝不会有人永远一帆风顺，万事如意。人生在世，难免遇到困难坎坷。人生中经常遇到的是这样一种情景：成果未得，先尝苦果；壮志未酬，先遭失败。即使有时躲过了灾难，但躲不过坎坷；躲过了厄运，但躲不过挫折；躲过了逆境，但躲不过尴尬。即使躲得了一时，但躲不了一世。一个人志向越高，越是上进，就越容易感受到挫折。

挫折像一把双刃剑一样，有利有弊，就看你用什么样的心态去对待。洛威尔曾说："灾难就像刀子，握住刀柄就可以为我们服务，拿住刀刃则会割破手。"从积极的方面来说，很多人的潜能往往都是被挫折激发出来的，在挫折中人们锻炼了自己的韧性和解决问题的能力；从消极的方面来说，挫折会让人们的内心产生阴影，甚至有时会一蹶不振，有些挫折甚至会摧毁一个人的意志，对其人生产生深远的影响。

受挫折消极影响时，人们常常感叹：生活真难啊！但真正懂得生活的人，他们会对自己说：挫折是一种历练，会让自己变得更加强大。纵观古今，那些功成名就的人无一例外都是经历过挫折历练的人——在逆境中往往出人才。

对于逆境出人才，司马迁在《报任安书》中有一段非常著名的描述："文王拘而演《周易》；仲尼厄而作《春秋》；屈原放逐，乃赋《离骚》；左丘失明，厥有《国语》；孙子膑脚，兵法修列；不韦迁蜀，世传《吕览》；韩非囚秦，《说难》《孤愤》；《诗》百篇，大抵皆圣贤发愤之所作也。"凡有成就者，莫不是能经受住苦难考验的人。人如果太幸运，离开挫折的"哺育"、悲痛的"滋养"，就会不知天高地厚，也不知自己能力究竟有多大，最后变得碌碌无为。

古人早就意识到苦难和挫折能够历练和培养人，孟子有"天将降大任于斯人也，必先苦其心志，劳其筋骨，饿其体肤"的名言；古诗中有"宝剑锋从磨砺出，梅花香自苦寒来"，以及"庭院难养千里马，花盆难育万年松"这样的名句。

花卉靠大树庇护而生活，早晚会被无情的大风吹折。娇生惯养的人经不住大风大雨的考验，也成不了大器。人生中最好的大学就是逆境。

生命绝不仅是绿叶簇拥红花的荣耀，更多的是一种苦涩。

有一种学名为"帝王蛾"的蛾子，变成蛾之前它是在一个空间十分狭小的茧中渡过的。当它破茧之时，这个过程可谓是走了一趟鬼门关。因为要靠那娇嫩的身体拼尽全力才能破茧成功，多数幼蛾都在耗尽全力后壮烈牺牲。

有人动了恻隐之心，看幼蛾破茧太费劲，于是用剪子在茧子上剪了一个大口子。这样一来，幼虫倒是轻而易举地破茧而出。但是，这样的蛾子却不是真正的“帝王蛾”，因为它们没有经历自己破茧而出的历练，所以出来后，它们的翅膀也用不上力气，自然也就飞不起来！

成功的人生告诉人们：此处受到挫折，彼处会得到补偿。失之东隅，收之桑榆。人生就好比宽广的天空一样，所以回旋的余地也就很大。如遇挫折，心胸放宽一些，给自己的退路就多些，也就能做到真正的“游刃有余”。

挫折催人成熟，人在每经历一次挫折后，就会多一分积累，从而少了一分走弯路的可能。挫折并不可怕，可怕的是遇“挫”即“折”。跌倒了并不要紧，关键是要赶紧站起来，继续斗志昂扬地向前迈进。

对给你挫折的人说“谢谢”

没有人生来就喜欢经受痛苦和挫折，更多的人是喜欢顺顺利利的生活。然而，生活过于顺利，生活环境过于安逸，往往是人们丧失斗志的根源。很多时候，人为了安于现状逃避现实，因为害怕面对挫折而选择龟缩一隅。其实，这样做是错误的。我们应该感谢那些挫折和磨难，正是因为这些磨难激发了我们的潜能，使我从中得到了奋发向上的动力。

我们都得到过肯定、赏识和激励，但与之相比，伤害、打击、藐视和折磨却让我们印象更为深刻。人们对那些打击过自己的人心存怨恨，对帮助过自己的人心怀感激，这是人之常情，但反过来想想，不是那些打击和折磨，怎能让我们看清自己身上的不足之处，使我们成长起来呢？

郑道常说，他是在别人的嘲笑声中成长起来的。中学时，他根本没有多少心思用在学习上，日子过得浑浑噩噩，这样的生活一直延续到高三那年。有一天，两个成绩很好的同学在一起讨论关于要报考的大学，郑道也凑了过去说出自己理想中的大学。那个学校，就连班里学习最好的同学的成绩都是望尘莫及。其中一个同学给了郑道一个不屑的眼神，挖苦讽刺道："人啊，还是现实点好。"郑道的脸一下子涨得通红，他发誓，一定要考上那所大学，让他们看看他不是在做白日梦。

下定了决心，郑道就把自己埋进了书堆里，恶补落下的功课。奋斗了一年后，郑道的成绩大幅度提升，可是他不甘心屈就于一所普通大学，倔强的他坚持复读了一年，考上了当初他理想中的那所大学。

2005年，大学毕业后的郑道只身前往深圳寻求发展。他的一个小学同学初中毕业就去了深圳学技术，当时在深圳上班每月已经能拿到6000多块。同学的父亲在村里到处炫耀他儿子是全村最会挣钱的。刚到深圳时，郑道找到的工作不太如意，那个同学的父亲跑到郑道家里去，跟郑道的父母说他在深圳找不到好工作，大学毕业生还不如初中生会挣钱，书都白读了。郑道接到父亲饱含担忧的电话，心里十分难过。于是，他暗下决心，一定要混出个样子来，超过那个同学。

在三年后郑道在一家大公司已经担任经理一职，工资收入早已超过了那个同学，并且有了自己开办公司的念头。办好了离职手续，几个同事为他摆送行宴，席间大家喝了不少酒，也对他说了不少祝福的话。酒过三巡，郑道出去接了个电话，回来时却听到原来的上司在屋里大声说："你们看着吧，郑道看上去好像很自信，我看他是太自负了。他才在这行做了多久？就想单干。就他这样的，弄出个小工作室，能和我们这个老牌公司相比吗？从无到有创立一个公司，哪有那么容易。我也不是看不起他，他的那个公司办不办得起来还不一定，就算办起来，能撑上几个月，也算是他运气好了。"

没有资金、场所、帮手、经验，为了将公司创办起来，郑道不知付出了多少汗水，经历了多少挫折，才招揽到几个旧同事和自己一同打拼。为了打开市场，郑道和他的几个同事跑市场，找机会，遇到了重重困难，坎坷万千。郑道甚至一度怀疑自己当初的选择是不是正确的。

然而，老上司那轻蔑的言语时常回荡在自己的耳畔。郑道告诉自己，不管怎么样，也要坚持住，哪怕就为了让那些不相信他的人看看，他有能力做自己的事业。

凭借坚韧的意志，不懈的努力，郑道终于带领公司走出了困境，业务量不断扩大，还不断招进新人。在不到两年的时间里，郑道的公司在业界已经小有名气。郑道说，他很感谢那些刺激过他的人们，是他们的讽刺、打击让他不甘服输，无论在多难的情况下都咬牙坚持了下来。

所以说，我们应该感谢那些挖苦过我们的人，没有他们，我们就不可能进步。如果世界上只有一件事比受到挖苦还要糟糕，那就是从来不曾被人刺激过。因为，当一个人受到刺激、经历磨难以后，他的潜能才会被激发出来。也唯有如此，他才能在逆境中逼迫自己改变现状，勇于突破，从而获得新生。

不犯错是不可能的，经历曲折是很正常的现象。在你徘徊不前的时候，有个人适时刺激你一下，能够使你觉醒。有的人就能把磨难当作动力，将挫折化作勇气，将刺激当作鞭策，朝着自己认定的目标，不断前进，最终赢得胜利。但是，有的人在低谷时受到别人的言语刺激，不去想别人为什么看不起自己，不努力上进，而是自暴自弃，干脆放弃前行，如此又怎么能获得成功。

今年的礼物叫“失败”

大部分人都畏惧失败，遇到失败就好像万劫不复了，从此便一蹶不振。其实，许多人要是没有遇到类似失败这样的逆境，他们本身巨大的能力便很难被发掘出来。人的潜能往往都是在极大的逆境中被激发出来的。因此，从某种角度来说，当我们面对失败时不要表现出一副悲观的样子。

当失败如影随形的跟着你时，赶也赶不走，摆也摆不脱的时候，你可以哭，你可以任凭泪水浸湿你的衣襟。请不要觉得害羞，这没什么，几乎每个人都有过像你一样的伤心时刻。只是面对失败，你不要逃避，流泪并不丢人，逃避才是真正的可耻。

其实，世界上的失败都是相对而言的，不要因为一次失败而一蹶不振，而要从失败中吸取教训，这样才能更快地成长。实际上失败也只不过是短暂性的挫折而已。失败并不可怕，可怕的是你因为一次失败，心态变得消极。只有在失败中吸取了经验，怀揣着积极乐观的心态，你才能让自己走向更美好的人生。

人只有通过各种各样的考验才能验证出自己能力的大小。有时候失败让我们看清了是自身能力不足所致，需要提升自身能力后才有可能将这个敌人打败。这个敌人不是别人，而正是我们自己。你若是能认识到暂时的失败只不过是经验的学习，那么你一生中成功的次数将远超过失败的次数。

面对失败，有人把它看作是一种惩罚，一场灾难，从而放弃真正想要得到的东西；而有人则把失败视为一次完善自我的机会，借助失败来提升自己。这两者有着本质的区别，前者是真正意义上的失败者，后者则是未来的成功者。

纵观历史，凡是有所成就的人无一例外都有过艰辛的经历，而他们也都撑过来了，并且将曾经的失败转化成对自己有利的经验及能力，从而帮助自己创造更大的成绩。

1929年夏天，卡尔·耶垂斯基在担任波士顿红袜队一垒手时，成为棒球史上第15个击出3000次本垒打的人。他在突破这项纪录前早就被媒体广泛关注，数百名记者在他破纪录的前一周就开始跟踪报道。某报记者问道："耶垂斯基，你认为这些成绩会让你发挥失常吗？"

耶垂斯基回答："我的看法是，在我的职业生涯中，我的击打次数超过了一万次，也就是说我有7000多次失误的机会，这样想就不会让我发挥失常。"

失败是成功之母，的确是这样。一个人坐着或是躺着，当然不怕东西把他撞倒。但如果他起来运动运动，就很可能被绊倒或是被其他一些别的东西刮伤。这并没有什么大不了的，因为这会给你警示，当你再运动时你会绕开那些绊倒你或是刮伤你的东西。

遇到挫折不懂得正视它或是不继续奋斗的人，是不会成功的！其实，事情一开始做不好或是失败，原本就是很正常的。只要我们能正确地认识到这一点，给予这些挫败最佳的注解，就自然能够释怀，并且转化成对自己有益的能量。

爱迪生发明电灯泡有过一万次的失败经历，当别人质疑他的行为时，他说："我只是再多找到一种发明不出电灯泡的方法而已！"

恩格斯说："伟大的阶级，正如伟大的民族一样，无论从哪方面学习都不如从自己所犯错误的后果中学习来得快。"

航海家们都希望船行驶在大海中能一切顺利，但是航行之中，岂会始终万里无云、波浪不兴？因为要航行就难免遇上风浪的，但却不可随波逐流，任由摆布，随波逐流的后果不堪设想。

人生又何尝不是如此？

失败并不可耻，可耻的是因挫折而畏缩。不以成败论英雄，而以勇敢视豪杰。究竟怎样的表现才算得上是勇者？在逆境中敢于迎难而上，克服困难的就是勇者的行径。

当我们由低到高向上攀爬时，没有着力点何谈向上爬起。人生的奋斗过程亦是如此，失败就是我们向上攀登的那个着力点。

人都有不如意的时候，然而，“失败是最好的礼物”。人只有在失败之时，头脑才是最清醒的，清醒的头脑会帮助自己找到更好的出路。

如果你未来的幸福是短暂的失败所致，那么请你忍受失败；如果短暂的快乐会毁了你日后的幸福，那么请你将这短暂的快乐抛弃。记住：“生命中的每个挫折、每个伤痛、每个打击，都有它的意义”、“不经历风雨，怎么见彩虹，没有人能随随便便成功”。成功的前提条件就是要经历失败，只有经历过失败磨炼的人才能最终看到雨后的彩虹。

上帝爱你才会让你吃苦

世上没有不凋零的花朵，最好的苹果也只是红一半青一半。人生在世不可能永远都一帆风顺，只有勇于品尝痛苦的人才是生活的强者。噩梦也往往是在不知不觉中发生的。例如：失业、离婚、亲人离世、破产等，只要活着一天，这些痛苦总是接二连三，在我们身边来来去去。

当一个人平静的生活起了波澜的时候，那么他的心智和意志将被痛苦消耗而磨损。他会情不自禁地咒骂着：“我这么努力到底是为了什么啊，老天爷你对我太不公平了！”他几乎相信，他已经失去了为之努力的目标，他的人生再毫无意义可言。

人生就像赌局一样，当你手中握的牌大多是坏牌的时候，你不知道将游戏如何进行下去。可是，你其实可以换牌呢？悲剧虽时有发生，但这并不表示你就非得被它打垮，从此与幸福绝缘；很多时候，这些悲剧的发生正是在考验你能否逆袭，摆脱困境。

某国心理学家曾经做过一项研究，研究对象是因车祸而导致半身不遂的人们。他们大多都年纪不大，但因车祸丧失了肢体活动能力，可以说命运对他们来说太残酷了。不过，他们很多人都说这是他们人生中的转折点。

有一个叫鲁奥吉的青年，他也是这次研究中的调查对象。在20岁那年，他骑摩托车出了车祸，腰部以下全部瘫痪。鲁奥吉在事后回忆说："瘫痪使我重生，所有事情我都必须重新学习，对我来说，磨炼最大的就是意志。"

鲁奥吉积极乐观的态度让他重新对生活产生了热爱之情。他说自己以前只不过是个加油站的普通工人，没有什么人生目标。车祸以后，他的人生反而更丰富了，攻读了语言学士学位，还担任别人的税务顾问，同时自己也练就了射箭和钓鱼的高超技术。他说，"学习"与"工作"是让他现在最快乐的事情。

的确，往往经历过最难熬的人生阶段，你才会获得累累的硕果。因为你在逆境中会反省和提高了自己，从而使你看待未来的方向也更明朗了。

想要命运尽在掌控之中是难事，但人生经验能帮到你，让你愈来愈坚强。很多灾难在时过境迁之后再回头看它，你会发现它并没有当初感觉的那么糟糕，这就是人生的成熟。

基督圣歌中"奇迹的教诲"里面有这样一句歌词："所有的锻炼不过是再次呈现我们还没学会的功课。"痛苦的本质就是让我们学会如何获得幸福。更重要的是，痛苦和磨难让你学到了该学而没有学完的功课。

日本战国时代有名的豪杰要数山中鹿之助了，传说他常常向神明祈求：“请赐予苦难吧。”很多人对此都很不理解，就去请教他。山中鹿之助答道：“一个人的心志和力量是需要苦难来锤炼的。”而且他自己还创作了一首短歌：“令人忧烦的事情，总是堆积如山，我愿尽可能地去接受考验。”

很多人都向神明祈祷，祈祷内容无非是和利益相关的。因此，当时的人对于山中鹿之助这种对神明的祈求感到疑惑不解。山中鹿之助的初衷就是通过困难来锻炼自己，让自己的意志力和能力得到提升。

尼子氏是山中鹿之助的主君，其为毛利氏所灭，因此山中鹿之助立下志愿要将毛利氏消灭，替主君报仇。但当时毛利氏的势力太过强大，尼子氏的遗臣中只有山中鹿之助敢和毛利氏做对，因为其他人都觉得自己实力太弱，打败毛利氏是不可能的。可是，山中鹿之助还是不断鼓励自己按着自己的想法去做，也许就是因为这个原因，他才会向神祈祷赐予苦难。

人生在世没有痛苦是不可能的。就像我们降临人世时要经过痛苦地挣扎，蹒跚学步时会不断跌倒一样，痛苦也是我们人生中十分普遍的一种遭遇。在人生这个复杂的结晶体中，有许多精彩，也有许多的无奈。

事业成功、恋爱顺利、生活优裕、鲜花掌声都会给我们带来欢乐，但也有太多的风风雨雨、太多的不如意、太多的身不由己——想做的事情不能去做，不愿做的事情偏得去做；同样的努力却得不到别人享受的成果；希望过得风风光光，却偏偏像一架古老的织布机，编不出缤纷的色彩。

人生就像是一首悲喜交加的交响曲一样，我们在享乐之余，还要学会超越苦难。一切苦难都有过去的一天，迈过了这道坎就等于超越了自己。

伟大的文学家罗曼·罗兰曾经说过：“快乐虽然人人向往，但它不免是肤浅的；痛苦虽然可怕，但它是深沉的。”又有人说，你在吃苦说明受到了上帝的宠爱，因为从痛苦中能提炼出智慧。

挫折把我武装成肌肉男

常常有人抱怨上天的不公。其实，上天对每个人来说都是公平的。上天不会让一个人降临到世上只遭遇灾难而享受不到生活的乐趣，所以它在人生路上设置一些坎坷，以此衬托道路平坦的幸福。

有时候，人生经常陷于逆境中，倒不是老天刻意而为，而是我们没有及时醒悟。如果你没有把心里的忧愁掏空，又哪来的位置容纳幸福呢?

你如果还没做好迎接挫折的准备，又怎么能接受更大的使命呢？所以，停止你的抱怨，只有等一切就绪，你才能真正看到自己无限美好的未来。

一天，狮子找到了掌管世间万事万物的天神，对神说：“神啊，我很谢你赐给我雄壮威武的体格，赋予我强大无比的力气，让我有足够的能力统治整座森林。”

天神微笑着说：“是啊，我给了你最好的体魄，但是你今天不是只为表示感谢来找我的吧！看起来你似乎正为了某事而困惑呢！”

狮子轻轻吼了一声，说：“天神什么都知道！我今天来的确是有事相求。尽管我已经拥有了强大的力气，但是每天天亮的时候，总是会被讨厌的鸡叫声给吵醒。神啊！祈求您，不要让鸡在天亮时再叫了！”

天神微笑着回答道：“大象那里有你要的答案，你去找它吧。”

狮子在湖边找到了大象，大象当时正生气跺着脚。

狮子问大象：“我健壮的朋友，有什么事值得你发这么大的脾气呢？”

大象呼扇着它的大耳朵吼道：“那该死的蚊子钻进了我的耳朵里，我都被它弄得痒死啦，太难受了。”

狮子听了大象的话，暗自想着：“原来个子像小山一样巨大的大象还会被那么小的蚊子而困扰，我只不过被鸡鸣打断睡眠，有什么好抱怨的呢？”这样一想，狮子觉得自己比大象幸运多了。毕竟鸡一天才打鸣一次，蚊子钻进耳朵里可不是一时半会儿就能解决的事情。

狮子走出了老远，回头看看大象仍在跺脚，这时的它已经完全不觉得每天早上的鸡鸣是多大的困扰了。狮子心想：“无论多么强大的生物都会遇到麻烦事，而神不可能帮助每个人解决困难，那么要想解决问题就只有靠自己了。鸡叫其实也算不上什么大妨碍，以后鸡叫时，就当作鸡是在提醒我该起床了，这样想来，鸡叫对我还是有益的呢。”

无论得到了多少好处，生活得多么顺利，只要遇上一点不顺心的事，人们就会习惯性地抱怨老天亏待我们。其实，老天是最公平的，每个困境都有它存在的正面价值，可悲的是人们往往只看到它负面和消极的一面。

当我们遇到前进的障碍时，只要你愿意，任何一个障碍都可以成为超越自我的契机。一些人在遇到挫折时会感到痛苦，丧失信心，但挫折却不一定是件坏事。当你因挫折而变得坚强时，你会因此而感谢挫折。

有一个小男孩，他并不太聪明，在读小学的时候，门门功课都常常挂起红灯。这样的情况一直延续到中学，他常常为之懊恼不已。

他不善言谈，学生时代时没有一个朋友。他一直生活在失败的阴影中，唯一的爱好就是画画，而且他深信自己拥有不凡的画画才能。但是，除了他本人以外，从来没有人看得上他那些涂鸦之作。

中学时，他曾向一些编辑寄去过几篇自己创作的漫画，但都一一被退了回来。尽管遭遇了多次打击，但他从未因此而失去信心。他坚信自己一定能成为一名职业漫画家。

到了中学毕业那年，他写了一封自荐信寄给赫赫有名的沃尔特·迪斯尼公司。不久后，迪斯尼公司给他回信了，信里给他规定了一个漫画的主题，让他把画稿寄来看看。于是，他满怀信心的开始作画，一丝不苟的完成了许多幅漫画。没想到的是漫画作品寄出后却如同石沉大海，他再一次遭遇了打击。生活就像漫长的黑夜，走投无路之际，他尝试着用画笔来描绘自己失败的人生经历。

他用漫画语言讲述了自己最为黑暗的时光——一个落魄的艺术家、没人注意他漫画的失败者。画中也融入了他多年来的亲身经历和对梦想的执着追求。

让他意想不到的是，他笔下的漫画角色一炮而红，一夜之间风靡世界。名叫查理·布朗的小男孩正是他笔下创造出的角色，这也是一名失败者：他生命中成功的风筝从来就没有飞起来过。

熟悉漫画《史努比》的人都知道，这正是大名鼎鼎的漫画家查尔斯·舒尔茨早年平庸生活的真实写照。

由此可见，舒尔茨如果没有早年失败的经历，就不会成为漫画家了，正是一次又一次失败的经历才激发了他，让他画出了能引人共鸣的作品。这个曾经的失败者很好地抓住了失败给予他的馈赠，总结自己的失败——把自己的亲身经历画入漫画中，将许许多多的失败集中起来，最终换得巨大的成功。

失败不光给我们带来伤痛，也能让我们更坚强、聪明、勇敢。只有经历过足够多的失败，才能为成功累积足够的力量。所以，我们要敢于面对失败，因为失败就是对成功的积累。挫折是一把双刃剑，它可以是灾难，也可以是上天赐予你的礼物，其中的关键就在于你的选择。

成功的人之所以成功，并不是因为他们运气好，没有遭受过挫折，而是因为他们懂得把挫折当成上帝赐予的礼物，欣然接受，并加以利用。

上帝无时无刻不在帮助你。设想一下，如果你想改变现在的境地，上帝直接给你一个新环境，让你不必付出就享受到胜利果实，你会不会因为得到的太过容易而不知珍惜。

反之，如果上帝先给你一个巨大的挑战，让你付出巨大的努力而改变你的人生，你怎么会轻易抛弃得来不易的胜利果实，而不去细细体味呢？再甜美的果实因为没有苦涩的对比，滋味也不够诱人。上帝能够给你物质的条件，却无法给你一颗懂得珍惜的心，只有遭受过磨难后的人才能发现生命的可贵，从而用全新的心态积极地投入到生活中。上帝能够给你几个家人，却无法强加给你们感情，人的心不可能用胶水简单地黏合到一起，一次和家人共同渡过难关的遭遇却能够拉近家人之间的距离。

正如心理学家约翰·海德所说："负面情绪可以为生命带来一份礼物。"挫折正是一份这样的"礼物"，它能给我们一个成长的机会，让我们更加懂得珍惜手中的幸福。

不要被同样的石头绊倒第二次

在《论语》中有这样一段对话，说的是鲁哀公曾经专门问孔子："你的学生当中哪个好学？"孔子回答是颜回。孔子在说颜回的优点的时候，其中有一点就是"不贰过"，意思是"不两次犯同样的错误"。是的，如果一个人能不两次犯同样的错误，真的可以算是非常难得了。

常言道："人非圣贤，孰能无过。"犯错误可以，但不要犯同样的错误。就好像一个人走在路上，第一次因为不注意，被一块石头绊倒了；但是第二次走时，还是没能够记住上次被绊倒的地方有一块石头，结果又被绊倒了，那就不好了。

被石头绊倒，最多就是疼一下，所以多被绊倒几次也没什么大问题，无非就是多疼几下，多掸几次沾在身上的泥土。但是，如果在人生的路上反复地被同一块石头绊倒，那么迎接自己的便不再仅仅是小疼痛和一些泥土那么简单了，它可以影响一个人的前途，甚至可能造成这个人终生的遗憾。

总是犯同样的错误，容易让一个人陷入挫折不断的状态，更可能毁了这个人。

报纸上曾经报道过这样一则新闻：

一个被判死刑的20多岁的小伙子，所犯罪名是抢劫杀人。临刑前，他写了一份遗书，并且希望有报纸或者其他媒体愿意帮忙，把这封遗书刊登出来。

遗书的大致内容除了忏悔之外，还用稚嫩的文字写了自己为什么会走上现在的不归路。

原因很简单。他老家在农村，在上小学的时候，有一次他发现一个同学带到班上的一样东西很不错，那是一种只要一打开就能够在上面放一本打开的书的文具盒。在二十世纪九十年代初的农村，这种文具盒是非常少见的。在整个小学里面，好像就他这个同学有这样的文具盒。他心动了，当时他才上二年级，所以在他幼小的心灵当中，能够拥有这样的一个文具盒，自己就会高兴得像摘到了天上的星星一样。但是他的父母都是朴实的农民，每天为家里的生计操劳，根本不可能给他买这样的文具盒。而他那个同学的父亲却是经常出外做买卖，相对来说，在村子里还是比较有钱的。这让他心里很不平衡。他在那一阵子满脑子想的都是："我一定要拥有那样的一个文具盒！"终于有一天，在放学之后，他把那个同学在半路上截住，说道："把你的文具盒给我，否则揍扁你！"他在班里是个子最高、身体最壮的，平时就很少有人敢惹他。那个同学仰着头怯怯地看一看他的眼睛，最后把文具盒给了他。

他捧着文具盒，如获至宝。但是，他还是踢了那个同学两脚，然后说道："你敢告诉你的父母或者老师的话，就不会像今天只被踹两脚这么简单了。懂吗？"那个同学强忍着眼泪点点头。

那天他很晚才回家，他抱着那个文具盒在荒郊野外奔跑了好久。但是第二天他就被老师叫到了办公室，原来那个同学还是"告密"了。他被老师训斥了很长时间。后来他还记得，其中有一句话是："你知道你做的事情有多恶劣吗？现在你能抢同学的文具盒，如果不思悔改，长大了就能抢银行！"

他也知道自己的做法是错误的，但是没想到要改。所以一而再、再而三地犯错，屡教不改。后来老师通知家长，他父亲把他狠狠地揍了一顿。这样的效果却只是让他在以后犯错的时候，尽量不让老师和父母知道而已，别无其他作用。

他初中没毕业就不上学了，然后和社会上的一些小流氓混在一起。最后年纪轻轻就成了抢劫杀人犯。

在遗书的最后，他说："我知道这一切都是因为小时候的那个文具盒……"

意思很明白，就是因为一时之错没能及时悔改，反而越陷越深。小的时候抢文具盒，被老师教育，被家长训斥，他都没能改正自己的错误，结果长大之后就发展成了抢劫杀人。自己的一生就这样毁了。根源在哪里？表面上是从那个文具盒开始的，深层原因却是因为自己反复犯同样的错误。

一个人总犯同样的错误的话，久而久之，肯定会给自己的人生带来许多麻烦，生活中的很多挫折也就是这样产生的，所以不得不慎重。人非圣贤，不是不能犯错，但是就像长辈经常教育年轻人说的那句话一样："千万要长点记性！"犯错不是不可原谅，只要记住以后不要再犯类似的错误，那就是一种非常大的进步。

诚然，挫折的产生是犯错导致的；反过来一样，挫折也可以让人犯错误。不过，关键还是在于从这次挫折中能不能吸取一些教训。如果做到了这一点，那么，无论受多大的苦都是值得的。有心理学家做过这样的实验，就是在一个金属盘子上放一块骨头，然后给盘子通上电，让一条狗去啃骨头。第一次，狗毫不犹豫地扑上去咬骨头，结果被电了一下。那条狗惨叫一声，不过还是禁不住骨头的诱惑，第二次又去啃骨头，结果当然是再次被电。这两次之后，即便是心理学家把电源关闭，金属盘子已经不带电了，那条狗也不会再碰里面的那块骨头了。心理学家由此得出结论：在同样的挫折不断出现的时候，下一次尽量避免这样的挫折，是动物的本性。挫折有时候充当的是教师的角色，它让人们在一次又一次遭受痛苦之后，学会如何避免或者应对类似的挫折。所以我们要感谢挫折，同时也要注意，遇到过一次这样的挫折，那么下一次就应该想办法避免，不要让同样的挫折因为个人自身原因而三番五次地降临到自己身上。

参加总统竞选时的奥巴马，每天都非常忙，到处讲演，在电视上与对手辩论等等，可以说，他每一天的时间都非常宝贵，如果有任何一点纰漏，都有可能让他与总统的宝座失之交臂。但是有一天，他突然终止了这种活动，搭上了飞往夏威夷的飞机。那一天是2008年10月23日。是什么重要的事情让他不得不终止选举活动？原来他的外婆病重，在世上的时日无多，他必须赶到她的身边，来见老人家最后一面。

后来有媒体采访他为什么要这样做的时候，他回答说："我的母亲在1995年因为癌症去世，当时我没能够及时赶到夏威夷跟她见最后一面，这成了我抱憾终身的一件事。这一次我外婆病重，我就想到了已经离去的母亲。我想，因为母亲的那件事，曾经让我一度陷入长时间的痛苦之中。这是我人生当中遭受的非常大的一个打击。我不能让这样的挫折在我身上出现第二次。我不能犯同样的错误。这样的错误犯了，一辈子都没办法再弥补，就像当年我没能够在母亲弥留之际守在她身边一样。"

我们不怕犯错，就怕错了之后再犯。我们不怕挫折，就怕挫折之后还是因为自己的原因而再次陷入同样的困苦境地。一个人第一次受了挫折，第二次就要学会如何避免这样的挫折。一开始的挫折是一个人的老师，而同样的挫折不断产生，就变成一个人的厄运了。因此，不犯同样错误的关键还是看能不能从第一次错误中吸取教训，从挫折中得到教益。在人生路上，我们可以被写着“错误”或者“挫折”的石头绊倒，但不要被同样的石头绊倒第二次。

总有一盏灯为你点亮

生活中总有些事情不像我们预期的那样，甚至，很多时候有些事情与我们想象的背道而驰。遭遇失败或者变故后一味悲伤或者抱怨哀叹，只能让自己的心情更加郁闷，不能解决任何问题。其实，人生不过是得与失的过程反复，没有永远的得，也没有永远的失。得在失中，失在得里。

虽然有时候付出和收获是不成正比的，但是老天是公平的，在关上一扇门的同时，就一定会为你打开一扇窗。“有心栽花花不开，无意插柳柳成荫”，也许这就是人生。

有一个学金融的人，毕业后应聘到专业对口的行业工作。为了让自己有一个更好的前途，他一心要去读中国人民银行总行的研究生。可是，天不遂人愿，虽然他准备充分，却屡试不中。他这人性格有点倔强，于是他年年备考。

因为爱好，他对古钱颇有研究，有很多朋友都向他讨教关于古钱方面的知识。起初他还能细心解释，不厌其烦，后来他因为在这个圈子小有名气了，甚至不是他的朋友也都慕名来向他讨教。因为没有足够的精力去应对这些事情，他索性编了一册《中国历代钱币说明》，给大家答疑解惑。

这一年，他又没有考上研究生，正当他万分沮丧的时候，那本他创作的《中国历代钱币说明》却被一位书商看中了，当年所印一万册很快就被抢购一空。虽然考研屡试不中，但无意中的创作却让他迈入了中产阶级。

我们总是喜欢朝着自己既定的目标奋力拼搏，却也要知道，不是每个人的理想和愿望都能顺利实现。当我们撞了南墙，要懂得回头，如果认死理儿，固执己见，不知变通，那只会把自己逼入人生的死胡同。此路不通就另辟蹊径，通往成功的不是只有一条直道，人不能总给自己设限，或许只是转个身，人生就有许多可能。

罗琳的父母都是网球发烧友，从罗琳刚出生的时候，父母就决心一定要把她培养成一个出色的网球选手。罗琳在15岁那年就参加了职业网球巡回赛，并且一路过关斩将闯进半决赛，可谓那次比赛的一匹黑马。少年得志的她有些得意忘形。

有次罗琳因为打篮球不小心摔伤了左手手腕。这样的伤对对罗琳来说无异于一个晴天霹雳，因为这伤对于罗琳来说以后就不能双手反手击球了。突如其来的打击让罗琳不知所措，失去了自己最大的优势，她拿什么来与那些强劲的对手抗衡？难道她的运动生涯就要因此结束了？

就在罗琳为此而伤心的时候，父亲开解她说："左手受伤了，你可以练习右手击球，试着提高你右手击球的技术吧？增强右手的技术也能弥补左手受伤的缺陷！"此后的那段时间里，罗琳就把精力放在了右手技术的练习上。她右手的进攻力进步飞快。在此后的比赛中，罗琳就是依靠着她强有力的右手进攻打败了许多对手，取得了成功。

罗琳是幸运的，她并没有因为左手的伤病而放弃自己的网球梦想。虽然人生路上的挫折给她造成了一定的伤害，但她就是从这次伤害中获得了意外的收获。

失败并不是生命的终结，也许恰恰是成功的起点。从哪里跌倒就从哪里爬起来继续前行。记住，人生的真谛就是将失败踩在脚下，越过障碍，争取不断的胜利。

大家都在为幸福的生活而奋斗着，只是有的人在遭遇挫折之时而被吓退，最终抱憾终生；而有的人却把失败与挫折当成是一种提升自己能力和意志的修炼，他们不抛弃、不放弃自己的目标，最终达到自己的目的。从逆境中站起来，尽了最大的努力拼搏，即使最后还是失败了，这样的结局也让人无怨无悔。

当我们因为失败而闷闷不乐的时候，可能就会错过一次成功的机会。有得必有失，有失也必有得。当你失去一个机遇的时候，也同时收获了人生另外的一种可能。所以，不要让自己在失去阳光的悲伤里沉溺，抬起头，总有一颗星星会为你点亮。

在一次海难中，唯一的生还者被冲到了一个荒岛上。他祈求上帝早日能让他获救，并每天观察是否有船只经过此岛。然而，过了很多天，也没见有一只船经过这里。为了能够将生命延续，他收集了很多海上漂来的木头搭建起一所遮风避雨的小茅屋，储存着他从沉船上带下来仅剩的那点东西。可是，困难并没有就此放过他。有一天，当他觅食回来后，他发现大火已经将他的栖身之所给吞噬了。他悲愤欲绝地质问上帝：“上帝啊，你怎么可以这样对我！为什么一点活路都不留给我呢？”

然而第二天一早，他就被一艘正驶向小岛的轮船的汽笛声惊醒。欣喜若狂的他立即朝那艘轮船狂奔而去。

“你们怎么知道我在这里？”这个幸运的人问营救了他的人们。

营救者们回答：“我们途经这里的时候，看到了你发放的信号烟。”

当事情变得糟糕时，人就容易感觉失落沮丧，但是我们不应该丧失勇气，因为即使是在我们经受痛苦和折磨的时候，也可能有机遇在向我们慢慢靠拢。

“失之东隅，收之桑榆”，即使陷入绝境，也会有重生的希望。“阴错阳差”也是件好事，“歪打正着”更是意外的惊喜。不是每一份努力都有我们意料中的收获，不是每件事都会有圆满的结局，但只要你不放弃追求幸福，总有一盏灯会为你点亮。

第七章
形象暗示力：人人都会以貌取人

人们往往都喜欢那些五官端正、着装优雅得体的人。想要成为人们眼中喜欢的那个人，虽然不见得人人都能拥有这样容貌端正的先天条件，我们却可以通过一些后天学到的穿衣搭配或是化妆来为自己的容颜加分，为自己增添在人际交往中获胜的砝码。

有了好形象，才有好身价

在这个以人际关系为主导的社会，人们在交际中都希望给别人留下一个好印象，让别人喜欢自己，接受自己，这就需要一个良好的自我形象。如果一个人的形象很差，会导致别人第一眼看到你就不喜欢，那么就会对彼此关系的建立带来不利的影响。

这时我们不禁会问：个人形象对事业发展的影响到底有多大呢？哈佛商学院在《事业发展研究》一文中指出："在事业的长期发展优势中，视觉效应是你的能力的九倍。"下面我们看看美国的总统选举。

1960年的美国大选是尼克松与肯尼迪"两虎"之间的争斗。老牌政治家尼克松在资历上占有绝对的优势，这一点肯尼迪是无法与之相比的。但是尼克松的外表问题却从不在他的精心考虑范围之内，以致于招致了竞争对手肯尼迪的批评。“这家伙真没有品位！”受到良好教育熏陶的肯尼迪懂得巧妙利用自己的外在形象赢得选民的支持。他在电视上的侃侃而谈彰显着领导者的气质和形象——坚定、自信、沉着、使人信服。美国人民相信他有主宰美国、平衡世界局面的能力。具有慧眼的评论家甚至通过一个细微的握手动作就可以宣称“肯尼迪已经获胜”。当他提出“不要问国家能为你做什么，问一问你能为国家做什么”的口号时，激起了美国人民的爱国热潮。如今虽已过去了几十年，但肯尼迪当时的形象早已深入人心。

要创造良好的个人形象，就得注意服装及仪表。虽说并不是所有人都可以长得亭亭玉立或是英俊潇洒，但每个人却可以做到干净整洁。油性皮肤和干性皮肤要注意控制好面部洁净与保湿，做到整洁得体。穿衣同样是别人判断你个人素质的重要依据，正所谓人靠衣装嘛。

有一次，陶小姐去参加一个好伙伴的婚礼。为了不过度惹眼，陶小姐特意穿了一件朴实的米黄色连衣裙，稍稍化了一点淡妆，把头发用一个复杂的簪子盘了起来。出门时，她还在穿衣镜前认真检查衣服、首饰、鞋袜，生怕搭配不妥或喧宾夺主。家人捉弄地问陶小姐：“是人家成婚还是你成婚？差不多就行了。”其实则不，陶小姐是新娘最好的伙伴之一，在某种水平上，她的仪容仪表也代表了新娘的档次，因为人们常说“人以群分、物以类聚”嘛。

到达婚礼现场的时候，新娘见陶小姐的一身服装非常欣喜，由于她见惯了陶小姐穿着布满口袋、松垮疲塌的休闲装，知道陶小姐此刻的悉心打扮是为了给她体面。于是，新娘就牵着陶小姐的手欢快地引见给新郎的家人和伴侣。这时，陶小姐从新娘眼光中看到了欣喜和感动。

正在寒暄的时候，来了一位新郎的伙伴，他估计是刚刚做完运动仓促赶过来的，穿了一件庞大的背心和一条运动短裤，背心及膝盖只能模糊见到运动裤的边缘，头发一缕一缕粘在头上，不知是汗还是油，这和在场男士们清洁笔挺的西装构成了鲜明的对比。新郎把陶小姐引见给他时，陶小姐浅笑着伸出手说："很高兴认识你。"对方将手在短裤上抹去汗水，然后与陶小姐握手。霎时，新郎显的是一脸的窘色！

人们往往喜欢那些优雅得体的人，例如看上去感觉舒服、有美感的人——姣好的面容、匀称挺拔的身材、美观大方的服饰。而这些也不一定是天生注定的，可以通过一些服饰来包装自己以达到美好的效果，为自己增加成功的砝码。

在很多时候人都是需要注重形象的，不讲礼仪不注重自己在公共场合的形象就会贻笑大方，例如在吃喝的晚宴或宴席上，一定要保持良好风度，男士在这时尤其应该表现出绅士气派，为女士夹菜用公筷，更不要只顾自己大吃大喝，直到丑态败露为止；餐巾纸要在自己餐具前预备着，端坐，有节制地用菜，咀嚼速度不要过快，给人忙忙呼呼的感觉，别人必然反感；汤尽量少喝，发现自己有"情况"不妨起身到洗手间对着镜子整理一下，这样形象就会处理得很得体。

年轻的朋友们，如果你认为你在与人交往或社交时还有不足，应尽早去改变，从个人形象做起，以建立良好的人际关系。

钞票算个啥，人品才值钱

英国首相鲍尔温说："品格，是人生的桂冠和荣耀。它是一个人最宝贵的财产，它构成了人的地位和身份本身，它是一个人在信誉方面的全部财产。品格，使社会中的每一个职业都成为荣耀，使社会中的每一个岗位都受到鼓舞。它比财富变得更具威力，它使所有的荣誉都毫无偏见地得到保障。它伴随着时时可以奏效的影响，因为它是一个人被证实了的信誉，是正直和言行一致的结果。一个人的品格比其他任何东西都更显著地影响别人对他的信任和尊敬。”相信大家在应酬中都喜欢与品格高尚的人交谈，而对那些徒有其表虚伪做作的人，都会远离。这告诉我们，做人要有高尚的品格。

季礼是春秋时期吴国的一位贤士，一次他出使别国途经徐国，顺便去拜访了他的老朋友徐君。徐君看老友不辞辛苦来拜访自己，便盛情款待了季礼。

席间，季礼注意到一个细节，他佩带的那把宝剑一直被徐君盯着，季礼不假多想，便已将其意猜出了十之八九，徐君肯定是喜欢上了自己的宝剑，但出使他国自己还要用到此剑，季礼也就没有表明自己的赠剑之意。谁曾料到，当季礼完成出使的任务后，回途再次探望徐君时，才得知徐君已经亡故。季礼感到万分悲痛，于是将宝剑解下，悬挂于徐君的灵位旁。

季礼的随从对此颇为不解，便问季礼：“徐君已故，将剑悬于此处有何意义？”季礼说：“我知道徐君在上次见面时很喜爱这把宝剑，因此我早就有了赠剑之意，但是要等到完成出使任务之后，岂料，短短数日，他就不幸亡故，我若是不兑现自己的承诺，就违背了自己的意愿。”

这就是“季礼挂剑”的故事。据说，此事在当时传开后，季礼受到了人们的高度称赞，人们称赞他是个品格高尚的正人君子。一些名士为了结交季礼，甚至不远万里来拜见，因为他们觉得与季礼为友非常光荣。

明朝文学家冯梦龙曾说：“门内有君子，门外君子至。”这就是人格的魅力。一个人如果品格低下，即便是拥有了显赫的地位和名声，别人也不会尊重他。相反，一个人品格高尚，即便出身贫寒，也能博得人们的尊重。因此可见，一个人最宝贵的就是人格魅力。

马其顿国王亚历山大是世界古代史上著名的军事家和政治家。在一系列战争中，没有任何势力能够阻挡他前进的脚步。无论敌人如何强大，他都能在较短的时间内加以摧毁。他之所以如此所向披靡，势不可挡，表面上由于他的足智多谋，实际上却源于其强大的品格魅力。

波斯帝国的君主大流士和亚历山大打了两次，逃了两次，最后把母亲和妻子都扔下了。亚历山大不仅好好地善待大流士的妻子，更是把大流士的母亲当成自己的母亲一样赡养尊重。大流士的母亲为此深受感动，也把亚历山大当自己的儿子一样看待。亚历山大病死后，这位老太太开始面壁，一句话也不说，最后竟然绝食而亡。

震撼一个人、征服一个人需要的不是虚伪的殷勤，而是高尚的品格。虚伪的交际只会吸引到虚伪的同类，貌合神离。只有真正具有高尚品格并将其付诸行动的人，这样才能赢得大家的心。

一个人只要具有高尚的品格，在任何应酬场合中，都会赢得别人的尊重，别人和你在一起也因此而感到快乐，这样才有助于建立真正和谐的人际关系。

难以忘记，初次见你

第一印象就是在与陌生人交往的过程中，所得到的有关对方的最初印象。这第一印象并非绝对正确，却是最鲜明、最牢固的，并且是决定以后双方交往的关键所在。

第一印象主要依据首次见面时对方的表情、姿态、身体、仪表和服装等形成的主观印象。第一印象与“成见效应”有着密切的关系，往往是形成“成见效应”的基础，而“成见效应”往往是第一印象的加深和拓宽。社会实践中，这两者必须兼顾，这样才能在注重第一印象的同时又避免认识人和用人上的失误。

亚瑟是美国心理学家，根据他的关于第一印象的研究，深入交往后形成的印象往往与第一印象一致。

小白是电脑行业中的“白领”一族，工作能力很强。但是他对自己的外在形象却不太在意，总是一身破牛仔服，给人极其随意的感觉。他更是从没想过外在形象这个问题。

他曾经参加过一次面试，面试时依旧那身装扮，引起了招聘人员的反感，不一会儿，就被对方下了逐客令：“对不起，我们公司需要的是工作态度和生活态度都很严肃的人！”

由上述案例可以看出，“第一印象”是非常重要的，别人对你，或你对别人都是一样。第一印象如果不佳，在应酬中，便很难挽回，所以在生活中我们要努力克服不修边幅的毛病。

看看我们身边那些受人尊敬与信赖的人，他们并非靠才气风发、语出惊人赢得别人的喜爱。恰恰相反，他们中的一些人言辞犀利，却无法赢得人们的尊重与敬佩。如果你想彰显自己新潮的思想，不妨加入自己的亲身体验，不趾高气扬，反而会让谈话的氛围变得轻松愉快。

以前有一位公司的老板曾就上班迟到问题做了一个很好的回答：“如果你迟到了，无论是因为吵架、身体不适，或者只是因为闹钟没把你叫醒，一定别赶着去上班，要不然你走进议论纷纷的办公室时，身上处处显示着你碰到了麻烦。如果已经迟到了，不如索性就多花些时间，精心梳洗打扮一番，这样看起来会和别人不一样，然后有条不紊地去上班，这样定会弥补上班迟到的不良印象。与其迟到那么一小会儿，不如迟到得坦然些。”

一天上午，小王赶到鸿达公司参加最后一轮应聘，主考官正是鸿达公司的谢总。临到考试时间快要结束时，小王才满头大汗地赶到了考场。谢总瞟了一眼坐在自己面前的小王，只见他大滴的汗珠子从额头上冒出来，满脸通红，上身一件红格子衬衣，加上满头乱糟糟的头发，给人一种疲疲遢遢的感觉。谢总仔细地打量了他一阵，疑惑地问道：“你是研究生毕业？”似乎对他的学历表示怀疑。小王很尴尬地点点头回答：“是的。”接着，心存疑虑的谢总向他提出了几个专业性很强的问题，小王渐渐静下心来，回答得头头是道。最终，谢总经过再三考虑，总算决定录用小王。

第二天，当小王第一次来上班时，谢总把小王叫到自己的办公室，对他说：“本来，在我第一眼看到你的时候，我就不打算录用你，你知道为什么吗？”小王摇摇头。谢总接着说：“当时你的那副尊容实在让人不敢恭维，满头冒汗，头发散乱，衣着不整，特别是你那件红格子衬衫，更是显得不伦不类的，不像个研究生，倒像个自由散漫的社会小青年。你给我的第一印象太坏。要不是你后来在回答问题时很出色，你一定会被淘汰。”

小王听罢，这才红着脸说明原因：“昨天我赶来面试时，在大街上看见有人遭遇车祸，我就主动协助司机把伤员抬上出租车，并且和另外一个路人把伤员送去医院。从医院里出来，我发现自己的衣服沾了血迹，于是，我就回家去换衣服。不巧我的衣服还没干，我就把我二弟的一件衬衫穿来了。又因为耽误了时间，我就拼命地赶路，所以，时间虽然赶上了，却是一副狼狈相……”

谢总点点头说：“难得你有助人为乐的好品德。不过，以后与陌生人第一次见面，千万要注意自己留给别人的第一印象啊！”

从以上小王求职的故事中，我们可以看到，“第一印象”相当重要。尤其对于刚刚踏入社会或者初入职场的人而言，要想在人际交往中获得别人的好感和认可，就应当给别人留下良好的第一印象。

综上所述，可以看出第一印象是多么的重要，那么我们在日常生活中如何给别人一个良好的第一印象呢？下面这几种方法可供参考和借鉴。

1.约束自恋倾向

你是否会在刚认识的朋友面前滔滔不绝地谈论你新买的车？心理学家

认为这会严重破坏你的第一印象，虽然我们都有炫耀的冲动和理由，但必须顾及别人的感受。所以应让别人谈谈他们自己，然后给予真诚的回应。

2.控制焦虑情绪

即使你对某些话题不甚熟悉，你依旧可以给别人留下美好的第一印象。你需要做的就是关注对方，这样会减轻压力，切记不要盘问刚认识还不怎么熟悉的人。在特别紧张时，一定要放慢语速。

3.拿出明媚心情

在初次交往中，认知专家和心灵自助导师都建议“做真实的自己”，但是面对新朋友时，应该将坏情绪收起来。也许你只是一时不快，但这样会给你的新朋友留下整日发牢骚或闷闷不乐的印象。这些不良情绪有可能还会波及他人，所以要首先拿出自己明媚快乐的心情，尽量营造轻松愉快的交流氛围，然后，再和对方一起谈谈困扰你的问题。

4.接触对方眼神

如果你想对一个陌生人有所了解，只要看着他的眼睛，即可破解他的肢体语言。与对方初次相遇时，眼神接触、微笑等都是至关重要的环节。如果对方眼睛闪着光，这个时候你可以肯定对方是个善意的人，你应该还以微笑，以营造出好的气氛。

5.与对方同步化

主动对自己的身体姿势和语言作调整，以此来达到适应新朋友的目的。因为人都是被彼此间相互的特质所吸引的。如果你用与对方相似的语速说话，他们就会有所反应，当新朋友点头或摇头时，你也做出同样的动作回应，马上就会营造出和谐的气氛。

6.适时恭维对方

人们总是喜欢听别人说自己的好话。我们应关注对方所取得的成绩和成就，给予适当的鼓励和赞美，这样才会让人在与你首次的交往中倍感愉悦。

每个人，做什么事情都有“第一次”。不论你和某人认识多久，“第一次”只有一次，那一次是永恒的，就算是后来有很大的改观，“第一次”的印象总是最深刻的，所以第一印象非常重要。既然如此重要，我们就应该格外注意自己留给别人的第一印象。

有钱也未必能买到高品位

高品位的生活似乎只是有钱人的专利。那些拥有豪车名宅、想购物直奔香港血拼、想旅游直飞欧洲的人，可以尽情地享受生活。而我们这些每日为了生活苦苦打拼的人，每日必须面对繁忙的工作、琐碎的家务，高品位的生活似乎离我们很遥远。但实际上，生活的质量取决于你自己，只要你努力，一定可以过上好生活，即使现在身处窘境，只要调整自己的心态，一样可以拥有快乐而高品质的生活。

培根说：“单是为了名副其实，人也需要有极大的美德才华，就像宝石一样，宝石如果不需要用金箔来陪衬的话，也就必须本身具有极大的价值。”他又说：“有些老年人显得很可爱，因为他们的作风优雅而美。‘夕阳也有美丽之处。’而有的年轻人尽管具有美貌，却由于缺乏优美的修养而不配得到赞美。”

“贫家净扫地，贫女净梳头。”意思是：一个贫穷的家庭要经常把地打扫得干干净净，一个穷人家的女儿要经常把头梳得整整齐齐，摆设和穿着虽不算得豪华艳丽，但是却能保持一种脱俗高雅的风范。这种不因贫穷就“自废”的风雅气度，是真正高贵的品位。

让我们再听听“七嘴八舌说品位”里其中一些人士的见解，他们基本上都是认同品位首先是一个人的文化内涵和品格修养，而与名牌或金钱这些耀眼的“光环”没有必然联系。

28岁的王小姐是北京的一位中学教师，她说：“品位我也说不好，是生活水平？是审美意识？是生活见识？或者是教养？反正我认为那些以穿某某品牌的衣服或喝某某牌子的酒为有品位的人，是可笑的。”

43岁的管春是上海的一名服装设计师，他说：“一个有品位的人应该是自然的。我的朋友中既有大企业的老板，也有普普通通的工人，然而他们全都对人真诚大方，不矫揉造作，不粗俗，有修养。这些正是真正有品位的人。但是有些人很有钱，浑身全是名牌，却是虚有其表，实在难以与高品位联系。大商场里的许多营业员，40多岁的人了，却把头发弄得像违章建筑，还染成枯黄色，妆化得很夸张，一张嘴抹得血红血红的，大嗓门咋咋呼呼的，还不时露出几句脏话。这些人自我感觉良好，其实一点品位都没有。”

有一家拍卖公司的副总经理认为，品位是一种内在素质和外在形象的结合。穿得很华丽整齐，可是肚子里什么“货色”也没有；或是才高八斗、学富五车，却不修边幅，都不是有品位的人。他谈到一位老先生，平时的生活很清苦，家里也没有任何昂贵的摆设，可墙上几幅水墨丹青，书柜里几件彩陶，一点一滴的细节显示着主人的艺术修养和品位。他说：“我觉得，品位是一种对生活的欣赏。无论贫穷还是富裕，对一个有品位的人来说，生活方式万千，但是他总能从中体会到生活的乐趣。”

李百灵是沈阳某公司的一名打字员，月收入不高，她说：“多数人认为有钱才有品位，其实不然。别看我的收入少，我觉得自己是一个有品位的女人。”她说她从不去大商场买高价衣服。她在小店里花50元买的衣服穿在身上，同事们看了以为是几百元买来的。

50岁的王宇女士是香港某中学图书馆主任，她说：“所谓品位，其实是一种内在的价值观，一种对生活文化的认同。当今市场上打出的所谓

‘品位’招牌，只是商家在设法掏你口袋中的钱。”

一个人有无品位，不在于地位、金钱、学历、相貌，而在人品、德行、教养、文化底蕴、内在素质这些精神层面的东西。内心得到完善和充实，“贫女”也会变得风雅；若内心既不完善也不充实，“士君子”也会无品位。

要做一个有品位的人，德行是第一位的。通过言谈举止，待人处事，外在形象表现出来的德行是极为重要的。德国大文豪歌德说：“行为是一面镜子，在它面前，每一个人都显露出各自的真实面貌。”莎士比亚说：“服饰往往可以表现人格。”雨果说：“人的面孔常常反映他的内心世界，以为思想无形无色，那是错误的。”

外在形象与内在素质不仅形成了人的品位，而且两者相互统一。一个举止猥琐、言谈粗俗、衣着邋遢的人绝不会有高雅的品位；而一个看上去气宇轩昂的人，他的内心也一定是不俗的。

打开豁达之门，有气度才有风度

在现实生活中，我们对许多人、许多事所表现出来的态度，都源于我们的气度。人们常说的“宰相肚里能撑船”，大事化小，小事化了，理解和忍耐等，都是有气度的表现。

罗曼·罗兰曾经说：“气质之美与其说是来自内心的修养，不如说它是来自一种对美好事物的欣赏能力。这种欣赏力会使一个人的言谈举止不同流俗。”汪国真也曾说：“美是一朵鲜艳的花，风度是一棵常青的树；时间是美的敌人，却是风度的朋友。”

气度的概念十分广泛，它不单单指一种品德，或是一种心胸，还是对人品的考验，更是成功的要素。

某城市一家知名企业要招聘一位德才兼备的总经理，很多人才都来应征这个职位，但连续几天下来，竟然没有一位能通过董事长的“考试”。

某天，一位外表看似不俗的留美博士前来应聘，由于董事长忙的缘故，所以这位博士被告知在凌晨三点的时候直接到董事长家里去接受面试。这位博士准时赴约，但一直没有人来开门，就这样一直到早上八点多钟的时候，才有人来给博士开门。

来到客厅里落座后，董事长问他：“你会写字吗？”博士说：“会。”于是董事长拿出一张白纸说：“那么，请你写一个白板的‘白’字。”满怀好奇的博士写下了这个字，然后疑惑地问：“这样写您看行吗？”董事长静静地看了看他，回答道：“对！就这样！”博士越发觉得奇怪，这怎么能算得上是考试呢？

可是在第二天，董事长就在公司向全体员工宣布，这位博士通过了一项严格的考试，被录取了！董事长还说：“对一个年轻的博士来说，考量他的不是聪明与学识，所以我考了他更难的。首先考验他的是牺牲精神，他不惜牺牲自己的睡眠来参加考试，毫无疑问，他是具有牺牲精神的；其次，考验他的是忍耐精神，他足足等了五个小时，说明他也具有足够的忍耐力；之后，我又考验了他的气度，他所展示出来的果然是与众不同的气度；最后，他还让我看到了他的谦虚，就算让一个博士写一个连小学生都会写的字，他也愿意写。一个人已经拥有了博士学位，又具备各种精神，我们没什么理由不选择这样的人才。所以，公司能够录取到这样一个人，绝对是公司的荣幸。”

气度能成就一个人的未来，实现他的梦想。所以，我们必须具有一定的气度，不能为一些鸡毛蒜皮的小事而出现情绪上的躁动。

就拿“吃亏是福”这句话来说，其中深意让人回味无穷。话中所指的

“吃亏”，其实就是指气度。一朝一夕是修炼不出非凡的气度的，要经过长期的磨练才能拥有非凡的气度。拥有非凡气度的人绝对不会因为一些小事而伤神，他们的心胸总是可以像天地一样宽广。

从容而自信是有气度之人所表现出来的，威严而深沉，虽然雄厉独居尊位，却也能胸怀大地，心纳大海。经历坎坷，也能从容面对。可以说，气度依靠底蕴而存在，风度依靠气度而存在。

此外，气度与风度是不尽相同的，风度是举止、谈吐等方面的外在表现，而气度则是纯内在的素质修养。我们似乎总喜欢把气度与伟人们联系上。有气度的人在和别人发生争执时，不会表现出气急败坏的形态；有气度的人，在面对困难时一定能冷静面对，绝对不会自暴自弃；有了气度你会自然而然增添几分豪气和魅力。一个人会因为自己宽宏的气度而提升品位，进而为自己的成功打下坚实的基础。

形象，并不是一个简单的外表概念

一个成功者的素质是由两方面组成的，一是内在精神力量，气质修养；二是外在的衣着服饰，言谈举止。这两个方面的素质缺一不可，无论缺少哪一方面，给人的印象都是一个不完整的半圆。没有内在精神力量，根本不可能成功。只有那种精力充沛，奋发向上，勤奋努力的人才会在事业上奋斗不息，才会成为一个成功者；而一个成功者，同时在外表上，也应该是一个精干、洒脱、举止大方的人。尤其是对于一个社会工作者而言，如果很拖沓，衣饰不洁不整，就不会给人留下良好的印象。

五年前，阿强毕业于中国一所名校的经济系。那时，他是一个追求独特个性，充满了抱负和野心的年轻人。他崇拜比尔·盖茨和史蒂夫·乔布斯这两个电脑奇才，并模仿他们不拘一格的休闲穿衣风格，并相信“人的真正的才能不在外表，而在大脑”。对那些为了寻求工作而努力装扮自己的人，他嗤之以鼻。他认为真正珍惜人才的现代化公司不会以外表来衡量一个人的潜力。如果一个公司在面试时以外表来论人，那么这也不是他想要为之效力的公司。他不仅穿着牛仔裤、T恤，还穿上一双早已落伍的“文化大革命”时期的鸭舌口黑布鞋，他认为自己独特的抗拒潮流又充满叛逆性格的装束，正反映了自己有独特创造性的思想和才能。

然而，他去外企一次次面试，却一次次地以失败结束。一次，他与同班同学被某外企公司邀去面试。他的同学全副“武装”，发型整齐，面容干净，西装革履，手中提了个只放了几页纸的皮公文包，看起来已经俨然是成功者的姿态，而他依然是那套“潇洒”的“盖茨服”，外加上“性格宣言”的黑布鞋。在他进入面试的会议室时，看到约有五六个人，全部是西服正装。他们看起来不但精明强干，而且气势压人。他那不修边幅的休闲装，显得如此与众不同，格格不入，巨大的压力和相形见绌的感觉使他恨不能找个地缝钻进去。他没有勇气再进行下去，终于放弃了面试的机会。他说：“我的自信和狂妄一时间全都消失了。我明白了一个道理，我还不是比尔·盖茨。”

对于一个现代职场人士来说，要注意在衣着服饰上下些工夫。穿一套好的服装，会使你显得精神抖擞，信心百倍，同时还会给人留下一种干练的印象。相反，如果你自以为是，穿着一些自认为特立独行、彰显个性的服饰，不仅会给人留下不好的印象，而且对自己的前途也没有多大帮助。

形象，并不是一个简单的穿衣和装扮的外表概念，而是对一个人的综合全面素质，外表与内在结合的一个总体的印象。站立、行走，虽然这些动作都很简单，但是，其重要性却不言而喻。有些朋友，虽然衣着并不华丽，但他的举止却十分优雅：站有站相，坐有坐相。话虽简单，但是想做到这样并不容易。

形象的内容太广泛了，它包括你的穿着、言行、举止、修养、生活方式、知识层次、家庭出身、开什么车、和什么人交朋友……这些都在清楚地为你下着定义——无声而准确地讲述着你的故事——你是谁、你的社会地位、你如何生活、你发展前途如何，等等，形象的综合性和它包含的丰富内容为我们塑造成功的形象提供了很大的空间。

品位不是你想装就能装

有品位的人无论处在什么状态，是尊是卑，是伸是屈，都能让自己保持泰然自若的神情。

一个人的成功素质包括德、识、才、学。德、识在先，而才、学在后。如果从心理学角度粗略地加以分类，才、学属智力因素，而德、识则属非智力因素。要成功参与竞争，智力、技能固然重要，而良好的竞技状态更是成功不可缺少的心理素质。

当然，每个人在遇到不顺的情况时都会有情绪波动的，但是无论人的情绪喜也好，乐也好，怒也好，哀也好，都不是无缘无故产生的，而是一个人思维活动的结果。

比如当你得到的结果没有预期的好，就认为事情本不应该是这样子的，感到自己丢了脸面，脸色一定变了，接着便会做出一些冲动的行为。其实这样的想法和行为都是很愚蠢的，只会给别人留下缺乏沉稳、小家子气的印象。

这时候唯有思维是可以改变的。如果你换一个角度思考，觉得这没什么大不了的，每个人都可能出错，不必太在意别人的看法，你的情绪就会随之改变。

除了能够控制自己的情绪之外，我们还要注重自己的行为与仪表。一个有良好素质和高品位的人的自信和良好的状态，体现在他生活、工作的一切过程中。

一辆长途大客车中途出现了故障，走走停停的，车厢里还伴有很大的噪声。开始时旅客们还能理解，较安静，可随着时间的推移，有些旅客开始抱怨起来，乘务员一直用好话来安慰旅客，可时间一长，所有的旅客都抱怨起来，甚至还有责骂。只有一位先生不吵不闹，并且还规劝其他旅客。事后那位乘务员向这位先生感谢说："你肯定是一个成功人士。"这位乘务员说得没错，那位先生就是这个城市里最有名的作家。

可见，任何情况下都能做到泰然自若，不是人人都可以的。因为它首先是一种涵养，其次是一种内心的充实，再就是一种对自己充满信心的表现。

没有品位的人，总会有一些让人看着不舒服的形体表现，比如不雅的站姿——双臂交叉站立，给人以不严肃的感觉；驼着背、弓着腰、眼睛不断向左右观望，一肩高一肩低，身体抖动或晃动，这样给人以漫不经心或没有教养的感觉；双手或单手叉腰，这种站法往往含有进犯之意；无精打采、东倒西歪，耸肩或懒洋洋地倚靠在支撑物上，容易给人懒散的印象；把手插在裤袋里或交叉于胸前，这样做会给人敷衍、轻蔑、傲慢等印象。

总之，一个人的品位和行为气质不是简简单单装出来的，是在日常生活中一点一滴培养和磨练出来的。而你的前途事业，你的人生价值如何，与你自身的品位也有着很重要的关系。

第八章
职场暗示力：职场如战场，进退懂策略

在竞争日益激烈的现代职场中，看着别人升职，自己总是投去羡慕的眼光而不去想办法引人注目，那么你的优点永远都不会被领导发现。如果你不懂把握机会，不懂创造机会，那么在激烈竞争中你也只能坐等失败了。职场暗示力告诉我们，职场如战场，想升职就要讲策略。

对面的老板看过来，其实我很精彩

职场中，有很多人都不善于将自己的才华表现出来，这往往使得他们失去了更好的发展机会。作为一名优秀的员工，应该要学会懂得在上司面前争取表现的自己机会和吸引上司的目光。

不管是哪个上司都喜欢有前途、聪明的下属，而不喜欢默默无闻的人，你必须在适当时候表现出自己的才干，使上司知道你更佳的潜力和才干。要想吸引上司的目光，就要关键时刻露两手，主动地去表现自己。如果你只是默默无闻地工作，没有人会注意你的成绩和努力，上司也不会无缘无故地提拔一直默默无闻的下属。

身为员工，最大的职责就是应该在自己的岗位上把本职工作做得尽善尽美，但是也许你所从事的工作，无法轻易与上司挂上关系，也无法获得上司的重视。这样，你的地位和成绩就可能被上司忽视，对于你能力的发挥和前途有很大的限制。那么，当你面对这种情况时，千万别灰心，因为机会全是靠自己争取来的。只要你抓住了机会表现自己的才能和能力，自然就会博得上司的好感。

通常情况下，上司都喜欢谦虚谨慎的下属，但是谦虚谨慎不代表要埋没自己的才能。有时候，过于谦虚反倒会让自己吃大亏。当你出色地完成上司交代的任务时，一定要向上司报告自己的成绩，让上司看到你的进步。当你和别人一起完成了一项艰巨的任务时，一定不能掩盖自己的辛苦，而是要让上司注意到你。如果你自己不说，上司可能永远不知道你做出了哪些努力和成就。

有时候，毛遂自荐是你获得上司青睐最好的办法。

小娜在不久前被提升为秘书室主任。她之前还只是一个市场部的普通员工，谁也没想到她能晋升这么快。这要归功于她经常策划出一些精彩的文案，并且时常有文章在刊物上发表。除了出色的工作和勤恳的工作态度，小娜能够被提拔完全是因为她适时地向上司推荐自己，展现出自己的才华和做事能力。

当小娜知道秘书室主任一职空缺的消息时，自信的她主动向总经理自荐担任职位，本来之前这个职位是内定给打字员小丽的。总经理边翻着小娜的文章，边对她一手漂亮的字发出赞叹。为了公司的发展，总经理经过再三考虑后终于决定放弃那个长得漂亮但文笔平平的小丽，让小娜做了秘书室主任。

聪明的员工善于凸显自己的优点，既让领导发现了自己的长处，也表现出了自己聪明的处世哲学。每个领导都喜欢既能干事又聪明的下属，所以善于表现对于一名员工的职业生涯来说是至关重要的。其实每个员工都有各种才能和优势，如果你不敢于在上司面前表现自己的优势，不让上司看到你的优势，那么被提拔的人永远也轮不到你。

有的员工在上司面前十分拘谨，不敢发表自己的看法，更不敢当众展现自己，因为他们怕上司和同事发现自己的缺点和不足。其实，越是极力掩饰，你的缺点就越会显露而优点越被埋没。这样的人，一般不会受到领导的重视，更不会被提拔。

与其一味消极地隐藏自己的缺陷，倒不如采取积极的策略，展示自己优秀的一面，这样才能在职场竞争中占据有利地位。当然，你要展示的是你自己独特的地方，是其他员工所不具备的优势，这样才能会更出众，为自己的职场升职之路铺平道路。

中国传统的为人处事讲究谦虚、低调，但是“好酒不怕巷子深”、“土不埋金”的古训有时在职场竞争中并不适用，等着别人发现自己往往会与机遇失之交臂，机遇不是等来的。

在竞争如此激烈的现代职场中，如果你总是躲在一旁，看着别人升职，羡慕而不去改变自己，那么在到处是才思敏捷聪明人的职场里，领导的目光永远也不会投到你的身上。如果你不懂得去创造机会，有了机会也不懂得把握，那么在激烈的竞争中失败也就在所难免。

人们喜欢孔雀是因为它们懂得在人们面前展开自己美丽的凤屏。一只不懂得在人们面前开屏的孔雀，又怎会让众人因它的美丽而发出赞叹和欣赏。因此，员工要善于创造机会，及时抓住机会，充分展现自己优秀的一面。充分展示优秀一面，让同事和领导了解你的才能，你就能得到比对手更多的机会，在职业舞台上跳出最美的舞蹈，当然也会得到最热烈的掌声。

善于表现的员工在小事上也十分注意自己的态度。领导交办的任务办多次也完成不了，在领导面前表现过分高姿态，都是领导不喜欢的行为；相比之下，手脚勤快的下属更受领导的青睐。事无大小，都争着干，抢着做，领导就会对你有好评价。

李华是个很会表现的年轻人，大学毕业后被分配到一个机关单位工作。单位里的领导和同事大多是年纪和资历比较高的老人，于是他一到单位就几乎把打扫卫生、提开水倒茶等小事全部包揽了下来。每天早晨总是提前半小时到单位，扫扫地、拖拖地板，卫生整理得井井有条；再把开水提来，给领导和同事先沏上一杯。等其他人来了，一切都准备得妥妥当当。领导和其他同事都夸赞李华工作积极，表现不错。自然单位的一些福利和优厚待遇大家也十分照顾他。

作为年轻人，工作资历浅，业务提高是首要的，但是适当的表现自己，搞好人际关系也是不容忽视的问题。同时，在上司遇到难以解决的问题的时候，关键时刻你要敢于出头，替领导解决燃眉之急，既可以显示自己的能力，又可以让上司对你另眼相看。但表现自己要注意方式方法，千万不要在上司面前过分显出自己的才能和上司的无能，如果这样做的话，即使你再优秀，再有能力，也终将没有出头之日。

老板，你到底是什么风格

无论是谁，只要你身在职场，就避免不了和上司打交道。有的嘴上说得很好听，但是对于下属的工作却百般挑剔。不同的上司有不同的处事风格，有的表情严肃，对下级要求非常严格；有的疑心很重，对于任何人都不信任；有的表面上道貌岸然，却心存不正；总之，作为员工如何能够获得上司的青睐是一门很深的学问。

了解上司的脾气与处事风格，多注意上司处理事情的思路，并试着推测一下，你就能慢慢领会上司的意图。做好上司的“腹中虫”，不仅要理解上司说话字面上的意义，更要探究其深层含义。比如上司说“天气真热”，也许他不仅仅是想告诉你天气状况，而是想让你“打开空调”。只有平时多注意观察揣摩，你才能在关键时刻正确领会上司的暗示，这样，不论是哪种类型的上司你都会应付自如。

小薇的上司是一个十分挑剔的人，平时无论下属做的方案多么优秀，他都会皱起眉头说不好。因此所有的同事对于上司都十分害怕。最近，小薇就为自己做的广告策划很头疼，策划完成之后上司说“不合我意”。

当小薇递交策划方案从老板的办公室里走出来时，心情几乎跌落到最低点。她十分沮丧地说：“当我低眉顺眼地向他询问到底欠缺在哪里时，他却十分直接地告诉我：‘我也不知道到底哪儿不好，但我就是觉得还有不完美的地方，总之你还要继续改，要不就重新写吧。’”

这样挑剔的老板把员工的信心打击得七零八落，每一次下属精心筹划的东西，都会被驳回，总要无数次地重新来过才行。有时小薇都怀疑是不是自己的能力有问题，因此也失去了工作的兴趣。

后来，小薇发现其实上司并不是仅对于自己的策划有太大的意见，而是对于任何事情都十分挑剔。只要自己抓住他的这个特点，随着上司的脾气稍作修改或是拿出合理的意见，上司就能够接受自己的策划方案。

后来，小薇做了一个房地产广告的策划方案，并精心地准备了三套方案，在这三个侧重点不同、宣传风格迥异的方案中，小薇从上司的心理需求出发，准备了几个通宵后，她拿着方案去见上司了。虽然刚面对小薇提交这些方案时，上司还是摇头说“不好”，但当小薇说出最后的思路，即把三套方案的亮点融合到一起时，上司终于露出了满意的笑容。

每个人都有自己的性格和脾气，因而处理事情的风格也存在着差异。作为员工想要成为上司的心腹，就要摸清他的喜好，了解他的个性，上司向自己提问时给出满意的答案。作为上司，不但喜欢下属对他尊重，也喜欢下属对于自己的能力给予赞赏和肯定。

对待不同类型的上司，员工要采取不同的办事方法。只有切合了上司的脾气才会工作顺利。有的上司喜欢自己的下属聪明能干，那么你就要适时的表现自己的能力；有的上司喜欢稳重的下属，那么你就要注意自己的言行不可招摇显摆。

上司最喜欢能够为自己排忧解难的下属。当上司遇到难题的时候，如果下属能够在适当的时机，帮助上司解决燃眉之急，那么就会赢得上司的心。因为只有这样的职员才真正能减轻上司的精神负担，工作交到他手上之后，就不必再劳神，可以腾出来安排别的事情了。

但是，为上司解决困难时，千万不要处处表现出自己比上司能力强，这样会使上司有种威胁感。你的学识需要得到老板的赏识，而在老板面前故意显摆自己，则不免有做作之嫌，会让上司感到你是一个自大狂，恃才傲物、盛气凌人，使其心理上觉得你难以相处，彼此间缺乏一种默契。如果你处处表现得比上司能干，比上司聪明，一旦遇到嫉贤妒能的上司就会使自己陷入困境，很难有提升的机会。

也许你的上司在某一方面可能需要向你请教，适当地指点是可以的，但是要掌握技巧，千万不要以“教”的口吻指导上司如何做事，必须要替他预留一个思考上的空间。很多人习惯说话时带着教训的口吻，尤其是当自己处于优势的时候，更情不自禁地要指点对方迷津。这种情况若是发生在下属对待上司，就不会有好的结果。上司可以做到虚心请教，“不耻下问”，但是，作为下属的你千万不可忘记了自己的身份。或许上司有时的想法与做法未必比下属好，但以“教”的语调跟上司说话，绝大多数情况不会被他接纳，更有可能会得罪上司，影响自己的前途。

不要让上司认为你的存在是对他的威胁，对于比较专制的上司，你必须将工作进程的每个环节都向他报告，尽管私下你有自己的工作方式和作风，但在表面上仍要以上司的处事风格为自己的工作风格。这样既能表现出一点让上司引以为荣的地方，又让上司相信你是他的“心腹”。

作为员工千万不可代替上司领功，抢了上司的风头。部门领导是一个部门的核心，部门工作的好坏直接关系到领导的政绩，当你取得好业绩的时候，千万不要独占功劳。

聪明的员工知道把功劳让上司来领，过错自己承担。每一个领导嘴里都不会贪恋功劳，但是如果你懂得突显上司的功劳，那么就会得到重视与信任。

谁是办公室的“大嘴巴”

虽然办公室不是菜市场，但总有些人喜欢扮演“包打听”的角色，或者喜欢扯一些东家长西家短的话题，或者口无遮拦地说一堆私事。这些到处打听、传播别人私事、甚至添油加醋的人是最不受欢迎的。

在职场中，一个优秀的员工最重要的就是做好自己的本职工作，千万不要做办公室的“小喇叭”、“大嘴巴”，这样会使你无法处理好人际关系，以致工作也无法进行。

梁欢今年26岁，在一家金融单位工作。她性格开朗，过于热情，在单位人称“宇宙广播站”，上上下下没有她不说的事。

单位的一位女同事无意中说讨厌单位的某某领导。她没有多久就传播说这位女同事受到了某某领导的性骚扰，闹得全单位人心惶惶的，关系都很紧张了。

某某领导被上级纪检部门找去谈话，她就把话传播出去，说领导有严重问题，要被判刑了。一位女同事哭着来上班，大家都忙着工作，她凑过去打听。那位女同事数落了自己丈夫一大堆的不是，讲了婆婆的很多坏话。梁欢听了以后，传播说是因为那位女同事丈夫外遇的问题，气得女同事与她几天不说话。

单位的一个女同事辞职了，她听了大家的议论，不加思考，没轻没重地传播了很多花絮，涉及单位的很多人和事，闹得大家对她都意见很大。现在她一上班，单位的人都离她远远的，没有人愿意与她交流。单位没有说话的机会了，她就在家里乱传播，闹得家里亲戚关系紧张起来，丈夫气得不爱和她说话了。她感到很苦恼，觉得生不如死。

像梁欢这样的人在职场中不占少数，他们平时不是把精力放在工作上，而是放在打听别人的隐私，传播别人的闲话上，最后却落个人人离他远去的下场。这种人是办公室谣言的集散地，是茶水房里的大红人，以制造、传播谣言为乐。她们具备做间谍的本领，有捕风捉影的洞察力和锲而不舍、不怕白眼的决心，还兼具做主播的天分，能把看来的、听来的，甚至编来的故事讲得头头是道，惟妙惟肖。

每个办公室里都有“小喇叭”，他们眼观六路，耳听八方，消息灵通，线人遍布基层和高层，有些老板也乐于听听他们的八卦以察下情。这样的人千万得小心提防，搞不好他们在老板面前将谎言重复一千遍就成了真理。

有一位先生刚到一家公司的电脑维护部工作。一个工作一年的20岁同事是个典型的“小喇叭”，因为自己是高中毕业自学的电脑，迫于职场竞争压力，所以对这位大学毕业的先生十分警觉。经过小喇叭广播几次后，公司就贴出布告罚了这位先生500元，最后这位先生气不过，不得不辞职。

对付特别喜欢打听别人隐私和传播别人闲话的同事要“有礼有节”，不想说的可以礼貌而坚决地说不，对有伤名誉的传言一定要表现出坚决的反对态度，同时注意言语还要有风度。如果回答得巧妙，就不但不会伤害同事间的和气，还避开了自己不想谈论的事情。保护隐私一来是为了让自己不受伤害，二来是为了更好地工作。当然也没必要草木皆兵，但凡工作之外的问题全部三缄其口，这样便很容易让人以为你这个人不近情理。

对于那些爱传播小道消息的人，心理医生建议一定要克服爱打听和传播小道消息的不良习惯，对待单位的同事和周围的人一定要以平常心对待，不要对什么事情都好奇，更不要添油加醋地传播。好奇心减少了，对于小道消息也就没有兴趣了。同时，要强加自我修养的锤炼，学会分析问题、明辨是非，不要人云亦云，被人利用。更重要的就是严格约束自己的言行，不要随便破坏同事之间的团结，损害他人的利益，不做办公室的“大嘴巴”。

我很棒，请给我加薪

在工作中，每个员工都会面临着一系列困难和问题，其中，晋升、涨工资和分配住房等恐怕要算是首当其冲的问题。而这些又常常由自己的上司决定。他们有较大的决定权和选择权，并常常按照自己的印象和所了解到的情况作出判断和决定。

那么，在面临这样的机会时，我们要不要主动地找上司或上司的上司反映自己的困难，提出自己的要求呢？这常常是人们为之而苦恼的事情。因为，如果我们自己不去争取，很可能就会失去机会；而如果我们提出要求，又担心上司或上司的上司会认为自己过于自私，争名夺利。究竟该如何应对这样的问题呢？

实际上，实事求是地向上司反映情况，提出自己的困难和要求，完全不属于自私和争利的范畴，而是十分正当的。在平等的机会面前，我们每个人都有权利去获得自己应该得到的东西。而且，作为领导和上级领导来说，由于其时间和精力的有限性，不可能完全了解每个人的情况，也常常可能仅仅为一些表面现象所迷惑，以至于犯下一些片面性的错误。既然如此，我们自己为什么不可以主动地帮助领导或上级领导多了解情况，以便他作出更为公允和明智的决定呢？相反，如果你不去反映情况，则只能是自己对不起自己。

但是，在这里，也应该注意一个问题。众所周知，每一次的晋级、涨工资或分配住房等，名额常常是非常有限的，不可能人人有份。在这种情况下，你如果向上司或上司的上司主动提出要求，最好是事先作一番调查。看看这次指标数量究竟有多少，并就部门的各个人选作一番排队分析。如果说自己条件很有可能入选，或者说有百分之五十的机会，但存在着竞争，这时候你便可以勇敢地试一试，向上司或上司的上司提出自己的正当要求。如果排队下来的结果表明自己的希望甚小，那么，趁早自己放弃。因为在这种情况下你若再主动要求，再争，实现的可能性也是很小的，而且上司会认为你太过分，不明智。

下属能否得到提升，不仅决定于他的业绩，还取决于他的方法。首先一条要让上司提升自己就不能过分谦让。

《圣经》中有这样一则故事：有位先生仙逝后要进入天堂去享受荣华富贵，于是就排队领取进入天堂的通行证。由于他不善于竞争，后面的人来了直接插在他前面，他却始终保持沉默，丝毫没有任何反抗或不满。就这样等了若干年，他仍然站在队伍的末尾，始终未得到他想得到的东西。

这个故事对我们深有启发。人世间处处充满着竞争。就社会来讲，有经济、教育、科技的竞争，有就业、入学，甚至养老的竞争。就晋升来讲也不例外，在通向金字塔顶的道路上每一步都是竞争的足迹，对于同一职位觊觎者甚众。当你了解到某一职位或更高职位出现空缺，而自己完全有能力胜任时，保持沉默，决非良策，而是要学会争取，主动出击，把自己的想法或请求告诉上司，往往能使你如愿以偿。战国时期赵国的毛遂、秦王嬴政时的甘罗已为我们提供了最好的证明。特别是上司已经有了指定的候选人，而这位候选人在各方面条件都不如你时，本着对国家、对人民、对自己负责的态度，也应该积极主动争取。如果过分的谦让，那只会堵死你的晋升之路。

当下属向上司提出请求时应讲究方式，不能简单化。宜明则明，宜暗则暗，宜迂则迂，这要根据你上司的性格、你与上司以及同事的关系、你在公司的知名度等因素而定。

“明示法”即通过口头或书面形式，明确地向上司提出自己的请求。

“暗示法”即在与上司沟通（包括谈话或报告）过程中做出某种暗示，如“我要是担任某职，会怎样，会比某某更恰当……”

“迂回法”即由他人转达自己的请求，而这个人最好是上司的知己。

究竟采用哪种方法更有效，则应视具体情形而定。

在正式提出问题和上司讨论之前，要做出一两个暗示，表明你正在考虑这件事，这样就不会在与上司商量的时候发现他毫无准备了。你可能会认为这只会给他时间搜罗理由拒绝你的要求，但是记住，要去赢得一场辩论，就是要使上司确信，给予你提升是出于对大局利益的考虑。假如上司有所保留的话，你应该了解其中原因（在了解以后，你也许会发现，你选择了错误的职业，或这家公司并不适合于你）。

通常，应该在上司情绪好的时候去提出要求。如果他的心情异常愉快是由于你的成绩引起的，那更妙了。选择时间非常重要，把你的要求作为工作日第一份报告呈交给上司往往很难奏效。

与其告诉上司你工作得怎么努力，不如告诉他你究竟做了些什么。试着用一些具体的数字，尤其是百分比来证明你的成绩。同时，要避免描述性的形容词或副词。譬如，不要说："我同某某公司做成了一笔生意。"而说："我与某某公司做成一笔多少万元的生意。"这也就是说，尽可能地让事实替你说话。

把最后一点扩展开去，你也许会发现最好什么也不说，而是简单地做一份报告给上司，总结一下你的工作。如果你这么做，白纸黑字，详尽地列出自己的成绩，就使他能清楚地了解你的成绩，而且日后也能查阅，同时，也就用不着去说那番听起来使人觉得你自吹自擂的话了。

不可否认，这并非那么容易做到，因为你是申请人，上司才是决策者，而有关你各方面的资料又有限，因而上司是否满足你的请求需要考虑。然而，如果更仔细地想想，还可以拿出理由，说明你所期望的提升对于授予者都不无裨益。

假如要谋求提升，还可以指出权力的扩大会使你为上司完成更多的工作，更有效地处理你手头上的事情；而如果想得到加薪而别无他求，那你告诉他，这可以让别人认识到出色的工作是会得到奖赏的。要使人信服，证明你的提升会使他得到好处，你确实需要动一番脑筋，但是努力大多是不会白费的。

下属的要求一旦遭到拒绝，转而用离职或不辞而别来威胁上司的做法往往会引起上司的不满。纵然上司屈服，感受到威胁了，上下级关系也将失去了信任，而信任感恢复原状，即使可能，也是十分艰难的。在这种情况下，从长远来看，暂时的胜利会变成永久的损失。另一方面，如果上司有充分的理由婉言拒绝你的要求，你向他保证你会继续努力和支持他，这会对你有很大的好处，实际上是促使他尽快地改变现状。这样，你们两个人之间的关系也就会更加坚实。

起音→专业音→团队音

人生最大的财富莫过于拥有好人缘，好人缘是一个人开启成功大门的钥匙，同样在职场中拥有好人缘也是一个员工取得工作成绩、赢得升迁机会的必要因素。一个人只有融入集体才能发挥他最大的能量，只有表现出谦虚、和善的态度，才能成为公司里最受欢迎的人。

一个成功的人离不开别人的支持和帮助，在职场上所有的工作都必须经过同事之间的合作才能顺利地完成。如果你不懂得合作的重要作用，就会如同鲁滨逊一样过着孤岛一样的生活，很难取得事业上的成功。

我们经常会看到这样的事例，一个水平很高、能力很强的员工却总是与升职的机会擦肩而过；而一个能力比较平凡，拥有好人缘的员工却容易受到领导的重视，被连连提拔。

美国心理学家L.凯利和J.卡普兰在贝尔实验室做过一项研究，结果说明良好的人际关系对于一个人事业成功和生活舒畅十分重要。该实验室里的人员都是学术造诣和智商很高的工程师和科学家，但他们之中有的人出类拔萃，有的人却碌碌无为。差别的原因在于那些有突出成就的人人际关系良好，交友广阔，拥有稳定的交际网；而那些碌碌无为的人却比较孤傲，很少有朋友。

陈晓和李明同时进入一家公司，他们的工作能力都很强，无论上司分配什么任务，两人都能很出色地完成，因此都很受上司的赏识。但是，两个人的性格却又很大的差异，陈晓不仅能力强，而且为人和善、待人谦逊，很快就和单位里的同事打成了一片，大家都说他是办公室的开心果。李明就不同，虽然他的业绩在办公室里是数一数二的，但是性格比较孤傲的他很难和别人相处，即使是合作也表现出一副自高自大的样子。因此，公司里的同事都疏远他。于是，一年之后陈晓升任为部门主管，而李明却辞职离开了公司。

职场上，工作并不是一个人的事情，每一个追求事业成功的年轻人，都不能缺少掌握与人相处的艺术。成为公司里最受欢迎的人，不仅可以帮助你解决很多遇到的困难，而且这些人将成为你人生道路上最好的支持者。一位知名企业的人力资源部负责人说："老板考察员工除了要考察其工作能力，更重要的是看他是否在办公室里有很好的人缘。有好人缘就会很好地和同事合作，这将大大地提高工作效率。"

著名的成功学家卡耐基认为，一个人在工作中获得成功所要求的技能，85%是基于人际关系，即与人相处和合作的品德和能力，只有15%是因为技能和训练。在公司里做最受欢迎的人，建立良好的人际关系，是一名优秀员工获得老板青睐的关键因素。

无独有偶，我们还可以看一个相似的例子：詹德和罗泰安是某橡胶公司的两位职员，厂长要在他们两人中选出一个人提升为生产科长，于是就通过他们日常的表现作为考察参考。詹德的工作能力可以说是无懈可击，在专业技术方面比对手罗泰安要强。但是，他喜欢竞争，总想击败对方。相比而言，罗泰安的工作虽然没有詹德出色，但他知道如何与其他部门配合，并且与每一个人都很合作，他力求在各方面配合公司的目标，常找时间去各部门看看，了解其他部门的职责和工作内容，借以增加自己的知识；最后，厂长选了罗泰安作为生产科长。厂长说："詹德是我们工厂最好的领班，但他的事业眼光太狭窄，把自己局限在专业中，不懂得和别人相处，这限制了晋升的机会。如果只把自己局限在专业里，至多不过成为一个熟练的技术人才而已。"

有人曾经问过世界著名的指挥家卡拉扬："您是如何指挥世界著名的交响乐团的？"卡拉扬说："我只强调三个音，使我的乐队变得和谐。首先强调'起音'，起音不齐，乐曲就乱。第二是个人的'专业音'，不管是吹喇叭的还是打鼓的，要表现出自己在专业上认为是最好的、最高段的音。第三个音是‘团队音’，当你打出自己的专业音之后，还要考虑到整体，是不是会成为干扰别人的音。”

团队之间的合作是一个企业走向强大的必要条件，没有合作就谈不上发展。一个员工不能只考虑自己的利益，要做到融入集体中来，和同事之间搞好关系才能促进更好的合作。而好的人缘则是促进你和同事们合作的前提，所以，我们在工作中要树立正确的为人处事的态度，让自己成为公司里最受人欢迎的人。

我就是公司的主人

英特尔总裁安迪·葛洛夫应邀到加州大学伯克利分校做演讲，他对毕业生发表演讲的时候提出了以下的建议：“不管你在哪里工作，都别把自己只当成员工——应该把公司看作是自己开的一样。”

当然，这番话的真正用意是建议身在职场的员工，要提高自己的工作主动性，凡事都要从公司的利益出发，像老板一样思考问题，把自己当作是公司的主人那样尽心尽力地工作。

有些初入职场的员工认为，公司是老板的，我只是替他工作而已，做得再多、再出色，得到好处最多的还是老板。我只要每天八小时完成自己的工作任务就好了，没有必要考虑老板真正想要的是什么。还有的员工每天按部就班地工作，一到下班时间连一秒钟也不愿多耽搁，率先冲出办公室或车间。有的员工甚至趁老板不在时没完没了地打私人电话或无所事事地遐想。

这些想法和行为不仅仅是在浪费老板的时间和金钱，长期这样做的话，只会毁掉你自己的前途和生命。要知道，工作不仅仅是为了生存和获得报酬，也是实现人生目标的手段，一味地消极对待无异于自毁前程。

苏珊并不漂亮，学历也不太高，大专毕业后在一家房地产公司做打字员。她每天都勤勤恳恳地工作，从来不关心工作之外的事情。虽然苏珊的打字室与老板的办公室之间仅仅隔着一块大玻璃，只要稍微抬头就可以将老板的举止和行为看得清清楚楚，但是，她很少向老板的办公室多看一眼。她每天都把精力集中在打不完的材料上，因为她知道工作认真刻苦是她唯一可以和别人一争短长的资本。自从来到这家公司，苏珊就处处为公司打算，从不浪费一张打印纸，如果不是要紧的文件，打印纸通常会双面使用，更不会在工作时间做私人的事情。

一年后，由于公司资金运作困难，公司开始拖欠员工工资，出于生机考虑，同事们纷纷跳槽，最后总经理办公室的工作人员就剩下苏珊一个。员工人数减少，工作量却没有减少，因此苏珊个人的工作量陡然加重，除了以前的打字工作，还要做些接听电话、为老板整理文件等杂活。由于业务不景气，连老板都有一些颓废，但是苏珊却坚持做好自己的本职工作。

有一天，她走进老板的办公室，对老板说："经理先生，很高兴告诉您一个好消息，我们接到了一个公寓的项目，可以为我们公司带来丰厚的收益。"

老板沮丧地说："可是我们已经没有足够的人手去做这个项目了。"

苏珊听了以后，直截了当地问老板："您认为您的公司已经垮了吗？"

老板很惊讶，说："没有！"

苏珊十分诚恳地说："既然没有，您就不应该这样消沉。现在的情况确实不好，可许多公司都面临着同样的问题，并非只是我们一家。而且，虽然您的2000万元砸在了工程上，成了一笔死钱，可公司并没有全死呀！我们不是还有一个公寓项目吗？只要好好做，这个项目就可以成为公司重整旗鼓的开始。”说完她拿出那个项目的策划文案。

苏珊语重心长的话让老板十分感动，对于苏珊也有了重新的认识。过了一段时间，苏珊被老板派去完成那个公寓项目。经过苏珊不断的努力，两个月后，那片位置不算好的公寓全部先期售出，她拿到3800万元的支票，凭借这笔资金，公司终于有了起色。

因为和公司度过了一段艰难的时期，所以老板对她越来越重视。四年以后，她成为了公司的副总。苏珊不仅帮着老板做成了好几个大项目，还忙里偷闲，炒了大半年股票，为公司净赚了600万元。

又过了四年，公司改成股份制，老板当了董事长，苏珊则成了新公司的第一任总经理。老板与相恋多年的女友终于结婚了，在婚礼上，老板一定要请苏珊为在场的数百名公司员工讲几句话。她说道：“我为公司炒股赢利时，许多炒股高手问我是如何成功的，我说一要用心，二没私心，就是要处处为公司打算。”

没错，作为员工处处为公司打算，为老板着想，以主人翁的心态工作，不仅是获得老板赏识、升职、加薪的前提，也是实现自己事业目标和人生价值的关键。在职场中，老板和员工不是敌对关系，是一荣俱荣一损俱损的依存关系，只有公司发展良好，员工才能有远大的前途。

现实生活中，很多人把自己和老板的关系对立起来，一面在为公司工作，一面在打着个人的小算盘，把精力全放在如何算计同事、如何利用老板升职上，这种行为和想法最后受害只会是自己。老板最需要的是一心为公司着想的忠心耿耿的员工，许多管理者在挑选下属时，宁可要那些诚实、讲信誉、处处为公司着想的人，而不会要那些非常精明，不把公司的事当回事的人。一位国际知名公司的总经理曾经说过：“如果我发现我的员工不为公司着想，我绝对不会重用他，甚至会辞退他。因为我认为这是对公司和我的不尊重。”

著名的IBM公司要求每一名员工都树立起一种态度——我就是公司的主人。在这种激励下，员工们主动与高级管理人员接触，与上级保持有效的沟通，对所从事的工作更是积极主动地完成，并能保持着高度的负责的态度。

假如你是老板，手下有两个员工，一个只有在工作任务交代得很详细的状况下才去做，还经常会把事情搞砸；而另外一个除了把布置的任务完成得非常圆满外，还喜欢帮助别人。两者之中，你会更愿意信任那种员工？答案不言自明。每一个老板都希望自己的员工拥有主人翁的精神，把工作当作是自己生活的一部分，做到认真负责。

作为一名老板，肯定是希望自己公司的员工能够一如既往地勤奋努力，踏实工作，认真做好自己的分内之事，时时时刻刻注意维护公司的形象和利益。任何一个老板都不会青睐那些只是每天八小时在公司得过且过的员工。

第九章
爱情暗示力：如果不爱，及时拒绝

如果爱，请深爱，大声地表白；如果不爱，请不要给对方留有幻想，一定要断然拒绝，因为一段感情只有在未投入太深之前才能使伤害降低到最小。因为害怕对方受到伤害便一再推迟拒绝的时间，其实并不是真正的善良，而是残忍。那些真正善良的人会对自己和爱的人负责，他们懂得一开始就不要制造希望才是最大的善良。

给鸟儿一个飞翔的空间

人们给婚姻下了这样一个定义：婚姻是爱情的坟墓。简言之，就是婚姻让爱情变淡、变质、甚至变死。其实，爱情之火的熄灭并不是以结婚为界限，而是相爱的两个人在一起久了，大多都会产生矛盾，先前的热情会随之消退，爱情渐渐地转化成一种类似亲情的东西。这样的状况不仅在夫妻间常常出现，就是在情侣间也经常发生。时间可以让两个陌生人从认识到相知，再到相爱，同样也可以让两个相爱的人从默契到疏远，再到离弃。人与人之间不可能永远保持初见时的新鲜感，当在一起久了，难免会腻、会倦、会累。人们常说“距离产生美”，说的也就是这个意思。相爱的两人如果能各自保留一定的距离和空间，那么，如此经营、维系的爱情可能会更长久！

在一次画展中，一位男子若有所思地端详着一幅画。然后，他十分不解地问妻子："为什么画上面只画了一根树枝和一只鸟？"妻子微笑着说："画家没有把画布填满，这样鸟儿才有飞翔的空间啊！"

是啊！其实我们每个人就如同这只鸟一样，一定要有自己的空间才能够展翅飞翔。

如果爱情衍生成为一种束缚，幸福就会被排挤得越来越少，剩下的只是时间积压下的怨恨，连爱也变成了一种负担。相反，如果给爱留些美丽的距离，我们就能用欣赏的角度去爱一个人，连对方的缺点也会演变成迷人的风景。因为适当的距离和空间会让相爱的人懂得张弛有度，懂得尊敬与宽容，而这两者又正是爱情长久的前提。感情的距离拉得太长，会让原本相爱的人变得疏远，产生隔阂。也许，一开始彼此还可以保持热情，时间长了，就会发现彼此正朝着相反的方向远离，连共同语言都没了，这样爱情也就慢慢走向了尽头。这里所说的距离，不只是现实中远近的距离，即便是天天见面的情侣，在心理上也存在一定的距离。现实生活中，相隔两地而分离的夫妻、情侣，因心理上产生差异而导致分手的也不少。

爱情就如同倒茶，我们拿大茶杯往小茶杯里倒茶，如果紧贴着杯口，茶水就会顺着杯壁流出来，洒到桌上。可是，如果我们适当地把大茶杯拉开一些距离，让茶水飞落小杯中，茶水就不会洒出来了。同样的道理，美好的爱情，完满的爱情，需要拉开一些适当的距离，这样才不会让爱流失。

既然如此，如果把握不好距离的度，反而会弄巧成拙。那我们该如何把握距离这个度呢？从而让爱情既不是没有缝隙，也不是渐行渐远。

彼此之间一定要在互相信任的前提下保持距离，因为爱情一旦失去信任，就像被蚂蚁侵蚀的堤坝，瞬间土崩瓦解。当你用心去相信一个人时，无论相隔多远的距离，都不会成为爱情的阻碍；相反，如果本身就对爱情持怀疑态度，总是不信任对方，即使对方就在你面前，即使事实就摆在你面前，两人之间的芥蒂也无法消除。

双方的距离要有回旋的余地，有一条可以进退自如的伸缩线，知道什么时候该给对方一些空间，也清楚什么时候该拉近对方的心，给他（她）一丝温暖。心灵是自由的，但爱是不会消减的。如此张弛有度的爱情，必将经久不衰！

给感情留点空白，如此，才有空间在上面添上更美的图画。就像那些离婚的人们，还是有很多复婚的情况发生。难道真的只是为了孩子有个完满的家庭吗？如果真是这样，当初便不会分开了。其实，最关键的是分开后有了冷静反思的时间，才会渐渐回忆起那些曾经的美好，发现双方的感情并不是完全破裂，只是因为相处时间久了有些疲倦，产生了一些不必要的误会，又因为彼此挨得太近，才窒息得想要离开。

其实，彼此深爱的两个人，在面对不可避免的矛盾时，不如双方都冷静下来，给爱留些美丽的空间与时间，利用这段空白去认真思考未来和反省自己。真正相爱的人，会因为这样的距离而把彼此的心拉得更近。如果爱情只是个美丽的误会，距离也会帮助双方擦去这个错误，让双方以平和的心态去寻找真正属于自己的幸福。

给爱留些美丽的距离，就如同隔雾看花、隔河看山，看到的风景往往妙不可言，别有一番风味。

你幸福吗

每天我们似乎都在和幸福打交道，似乎都是在围绕着幸福而打转。那究竟什么是幸福呢？它是当我们的心理欲望得到现实的满足时的状态，而且是一种持续时间比较长的对现实生活的满足，内心所感受到的生活当中隐藏着的无比丰富的乐趣并希望这种乐趣能够长期存在的一种愉悦心情。

幸福是不规则的，它从来都是可大可小，可圆可缺。不同的人对待幸福的感受可能轻重不一，那是因为这些人对待幸福的态度也不一样。有的人对幸福索求得太多，当他们期望的和实际得到的不一样时，即便给予他幸福，但是这些人依旧不会觉得幸福。正因为我们对幸福的感知程度不一样，所以不同人对幸福的体会也会有深有浅。那些天天感叹自己不如人家幸福的人，从不会看看自己现在拥有的、已经得到的幸福，只是一味盲目地看着别人拥有而自己未曾得到的东西。

有太多的人过于乐观了，他们觉得现在自己拥有的幸福就是永恒的，所以这一类人往往对幸福的追逐和向往会逐渐递减，直到最后这些幸福感一点点地消失了。当这些人突然感觉自己不如以前幸福的时候，才愕然发现，幸福已经离他们远去。幸福不单单是要把握，还要去珍惜它，而珍惜它最好的方法不是从此止步不前，而是要给你自己想要拥有的幸福更多它能一直存在的条件。

很久以前，有一个人他生前有着一副好心肠，为人善良，乐于助人。所以在他去世后，升上天堂，成为了天使。这个人还是希望能帮助到其他无助的人。

有一天，天使降落到人间的时候，在路上遇见一个农夫，农夫看起来非常的烦恼，他满脸忧愁地和天使说：“我家的水牛刚死了，没有了它我怎么耕田呢？我们一家人的生计都指望那块田了。”

天使听了之后赐给他一头健壮的水牛，农夫看了之后非常高兴，天使看着农夫兴高采烈的样子也感觉到了幸福。

又一天，天使又遇到一个男人，男人非常沮丧，他愁云惨淡地跟天使说："我的钱被骗光了，我没有钱回我的家乡了，我看不到我那刚刚出生的孩子了。"

于是，善良的天使赐给了这个男人一些钱，男人破涕为笑，天使又在他身上感受到了幸福。

后来的一天，天使又遇到一位诗人，天使看他不仅年轻而且极具才华，生活也过得非常富裕，他的妻子温柔贤惠，但是诗人还是一副失意的样子。天使就问他："为什么你也会感到不幸福呢？"诗人摇摇头对天使说"你看我现在什么都有了，但是我感觉还是缺一样东西，你可以给我吗？"天使点点头。诗人说："我要的是幸福。"天使想了很久，忽然一跃而起说："好的，我知道了。"

于是天使将诗人现在所拥有的都拿走了，包括诗人的才华、年轻和财产，当然还有他温柔的妻子，之后天使便离开了。

半个月后，当天使再次回到诗人的身边，诗人已经奄奄一息，他没有食物，没有像样的衣服，十分狼狈。于是，天使又把他之前拥有的一切还给他，然后离去了。

后来等天使再去看诗人的时候，诗人坐在自己的花园里，喝着茶，和妻子正聊着天，幸福感不言而喻。

很多人都和这位诗人一样，拥有的幸福不会好好体会，只是羡慕别人拥有的东西。现实生活中太多的人因为各种各样的压力开始变得麻木不仁，开始对自己的幸福感模糊不清。总是抱怨着自己的生活压力多么的大，自己的工作多么的不如意，习惯了每天面无表情地行走，这些人的心已经渐渐丢失了一样东西，那就是幸福。

我们要善于把握好已有的幸福，要知道，我们现在获得的幸福感都只是暂时性的，它不可能一直这样守候在我们身边。随着时间的流逝，那些幸福感会一点一点地消失殆尽。如果你想要一直拥有这样的一份幸福，一直想拥有现在幸福带给你的一切快乐，你就要不断地去创造幸福再次光临的条件，这样幸福才会不断地眷顾你。

莫用伤害的刀，刺痛爱人的心

世界上的人那么多，偏偏与你相遇；相遇的人那么多，真正爱你的人却只有寥寥几个。从陌生到相识、到相知，这是一种多么奇妙的缘分啊！父母的爱、爱人的爱、朋友的爱，因为有了这些爱，生活才变得如此温馨，每一天都是如此的鲜活。如果一个人失去了这些爱，人生就像一盘没有放调料的菜，即使表面上看起来光鲜亮丽，吃起来却是索然无味。爱是需要付出与维系的，而爱的最大强敌就是“伤害”。爱虽然是世界上最伟大、最坚强的情感，但是面对伤害，爱就变得越来越敏感、越来越脆弱。

越是爱得深，越是伤得深。往往那些最深的恨都是由最深的爱演化而来的；而那些本就不存在什么爱的人，即便是伤害，在内心也不会划出深深的伤口。

这是因为，越是爱得深，就会越是在乎，而对一个人太在乎，就会在乎他的喜，在乎他的忧，在乎他的欢笑，在乎他的悲伤，在乎他的每一句话，在乎他的每一个神情，所以也在乎他带来的伤害。即便有些伤害是无意的，但那些伤害也会像钉子一样扎在爱人的心上拔不出来。伤害就像是一柄刀，刺痛着爱人敏感的心；伤害就像是冷酷的冰霜，冻结着爱人沸腾的血液；伤害就像是小朋友踢出的皮球，那么轻易地砸碎了爱人玻璃做的心，一旦碎了，就再也难以愈合。

阿七同时喜欢上两个女孩，一个温柔美丽，一个可爱大方。他两个都不想放弃，甚至不知道自己爱谁多一点，他觉得自己离不开任何一个。于是，他周旋在两个女孩之间，几个月下来竟没有露出任何破绽。他沉浸在两个女孩的爱情里，对朋友的劝告置之不理。他也知道，如果两个都爱，一旦谎言被拆穿，可能两个都失去。可是即便是这样，他还是无法作出理智的选择。两个都是那么优秀的女孩，一个像右手，一个像左手，失去谁都会让他心痛不已。

事情最终还是败露了，女孩们都没有想到自己深爱的男人竟然是如此卑鄙、可恶的人。无论阿七如何解释、如何恳求，她们还是决绝地离开了他。

是啊，这样的爱情根本就不值得留恋。阿七回想着那么美好、甜美的日子，恍若隔世，他知道自己深深地伤害了两个好女孩，也把自己拖入了万劫不复的深渊。可是后悔有什么用呢，一切都已经为时过晚。

对爱情太过贪心，最后有可能什么也得不到，而且还伤害了深爱着你的人。人生那么短，能遇到一个深爱的人是多么不易，一旦失去，便覆水难收了。

著名诗人席慕蓉写过这样一段话：在年轻的时候，如果你爱上了一个人，请你，请你一定要温柔地对待他。不管你们相爱的时间有多长或多短，若你们能始终温柔地相待，那么所有的时刻都将是一种无瑕的美丽。若不得不分离，也要好好地说声再见，也要在心里存着感谢，感谢他给了你一份记忆。以后你会知道，在蓦然回首的刹那，没有怨恨的青春才没有遗憾。

珍惜爱着自己的那个人，才不会给自己的青春留下悔恨。即便是不爱了，也不要给对方心上划一道伤痕，因为只有微笑着转身，才会给对方留下最无瑕的回忆，也让自己不留遗憾。

世界上真有童话般的爱情吗

小时候，我们总是喜欢捧着童话书看，却从来不知道真正的王子和公主是什么；长大了，我们幻想着遇到属于自己的王子和公主，虽然不知道他（她）什么时候会出现。

可是现实生活中，真的有王子和公主吗？是不是每一段爱情都能像我们想象得那么美好呢？世界上真的有童话般的爱情吗？

我们常常看到电视、电影里的男女主角，男的帅，女的漂亮，于是就常幻想要是自己也可以遇到像王子（公主）一样的另一半该多好啊！即使不能找到那么完美的人，如果能拥有那么一段荡气回肠的爱情也该多好啊！

可是，平凡的世界里，往往很难像我们幻想的那样美满。毕竟那些王子公主的童话只是作家编撰出来的故事，是一种对现实的升华。现实中的爱情往往是平淡的，如果眼睛总是盯着那些虚无的幻想，也许会错过身边很多真实的风景。待到年华已逝，发现童话世界的不可靠再回过头来寻找现实中的美好时，恐怕要追悔莫及了。所以，那些还在做梦的青年男女们，赶紧醒过来吧！抓住身边的平凡爱情才是你一生的归属，而那些童话般的梦终究只是闲来无事时的一种幻想罢了！

小月是个既可爱又浪漫的女孩，她从18岁起就幻想自己可以遇到心目中的真命天子。她希望他有清澈的眼眸，笑起来会露出白净整齐的牙齿；她希望他会写一点小诗，有时候有点忧伤，有时候又很开朗；她还希望他是个体贴的男人，会在她不开心的时候哄她，会偶尔给她制造一些生活的小浪漫。

现在的小月已经28岁了，但是她至今还没谈过一次恋爱。其实她的身边并不乏追求者，但是却没有一个符合她心目中的标准。她是个固执的女孩，即使有时候也会羡慕身边的朋友都成双成对，但她总是告诉自己“宁缺毋滥”。后来，她换了一份工作，偶然发现自己的老板简直就是她命中注定的那个人，他几乎符合她心中白马王子的一切标准。从看见这个男人的第一眼开始，小月就爱上了他。经过一段时间，这位年轻的老板也感觉到了小月对他的感情，于是也开始对小月产生了超过上司对下属的那种关心。小月觉得自己就像是童话里的公主一般幸福，这样的幸福感让她觉得既兴奋又不真实。

可是，突然有一天，一个穿着贵气的女人闯进了办公室，拿起桌上的水就朝小月泼过去，还骂了很多难听的话。小月这才明白，自己一直追求的崇高爱情原来是别人眼中最不齿的地下情，原来她成了第三者，别人家庭的破坏者。于是，她仓皇地逃出了办公室。

后来，那个男人又打电话来，小月再也没有接过他的电话。她的心像是从天堂掉到了地狱。曾经那么向往的美丽爱情，到头来也不过如此，她梦里的那个王子竟然是个如此荒唐的男人，她恍然间觉得自己是多么的可悲、可笑，原来，自己苦苦等来的完美爱情只是一个美丽的泡沫而已。

也许幻想会让爱情蒙上一层美丽的面纱，可是当那层虚无的面纱揭开时，你是否能承受得起那份美丽背后的现实呢？不要把爱情编织成一个超现实的梦，也不要期望身边爱你的那个人变成你想象中王子（公主）的样子，这样的奢望只会让你在幻想中慢慢地失落，从而变得一无所有，就连那些守护在你身边的人也会被你的幻想打败，从而远离你。

还是让我们珍惜眼前人吧！也许，此刻站在你身边的那个人，离你想象中的标准差了十万八千里，但他（她）可能是这个世界上独一无二最爱你的那个人；也许，他（她）在你的生活里从来没有制造过一点惊喜，你们的日子每天都围绕着柴米油盐转，但平凡之中你们成为了彼此的依靠，他（她）一句关心的话，一顿早餐，都是浪漫的积累啊！

爱情不是一定要找到心目中的公主或者王子，也并非轰轰烈烈的爱情才称之为爱情。只要彼此相爱，有时候平凡也未尝不是一种幸福！

不要对没有结果的爱抱有幻想

曾经有这样一个故事：

在一档电视节目中，男嘉宾委托节目组帮他找一个女孩。镜头前，他幸福地讲述着和女孩相遇、相识的点滴。几乎在场所有的人都感觉到他对她的爱是那么的深；可是，他却告诉主持人，就在他向女孩表白后，女孩却突然消失了。他害怕女孩发生什么事，于是开始疯狂地寻找她，却始终无果。一个月后，他偶然看到了这档电视节目，于是希望通过媒体的帮忙，找到他心爱的女孩。他要亲口告诉女孩，不管她遇到任何困难，他都会和她一起面对。

几分钟的等待后，女孩出现在了现场。但当主持人向女孩问及此事时，却发现女孩所说的情况和男孩说的完全不一样。女孩告诉主持人，她有一个相恋多年、分隔两地的男友，这段时间的消失，实际上是去看男友而已。男孩只是普通朋友关系。

全场哗然，一下子气氛变得尴尬不已。全场沉默了几秒后，男孩忍不住低声问道："为什么你从来没有告诉过我？"女孩略有些委屈地反问道："难道非要我亲口拒绝你吗？你自己难道看不出来吗？"男孩伤心落寞地低下头，什么也没说，独自走出了演播厅……

接下来的故事怎样发展已经显得不重要了。这段看似美好的感情，戳穿了竟是一个误会。谁应该为这个错误负责呢？是男孩太木讷，看不懂女孩的心思？还是女孩太优柔，没能一开始便拒绝男孩的心意？

所有人都看得出来，女孩对男孩的示好一直都心知肚明。女孩默默地接受着男孩的关心与照顾，不接近也不远离，她和男孩保持着看似安全的暧昧关系。但男孩却以为女孩对自己有好感，于是想要把这种模糊的关系明朗化。女孩看到了事态的严重，才想要急忙逃脱。到最后，一切都水落石出，女孩却还能找出很多委婉的理由为自己辩解：不忍心伤害你，以为你自己能明白的……一切看似理所当然，可实际上却对那个爱你的人造成了严重的伤害。

其实，我们不拒绝那个自己不爱的人，无非是在享受被照顾、被疼惜、被暗恋的幸福感，即使明明知道对方越陷越深，也不愿意去戳破这一层朦胧的纱。你可曾想过，你在对方的疼爱里得到了满足，但却让对方越陷越深，当对方的爱难以自控之时再选择拒绝，那岂不是对他更大的伤害吗？

如果爱，请深爱，大声地表白。如果不爱，请不要给对方留有幻想，一定要断然拒绝，因为一段感情只有在未投入太深之前才能使伤害降低到最小。因为害怕对方受到伤害便一再推迟拒绝的时间，其实这并不是真正的善良而是残忍。那些真正善良的人会对自己和爱的人负责，他们懂得一开始就不要制造希望才是最大的善良。

有时拒绝很伤人，所以如何拒绝、选择怎样的方式来拒绝是很重要的。一定要把伤害降到最小，不要让对方爱不成，反而化成了恨。

首先，必须拒绝时，态度一定要坚决。拒绝难免让双方都陷入尴尬，但不能因此就犹豫不决、拖拖拉拉。因为爱一个人，会对对方的一言一行都很敏感，如果拒绝的态度不够坚决，很容易造成误会，你的礼貌与态度不明显很容易让对方以为你也对他心生爱意。正所谓希望越大，失望越大，没有希望，就无所谓绝望。其次，在拒绝的同时，要考虑到对方的自尊心。具体说来，你一定要表明拒绝对方并不是因为对方不够优秀，而要把消极原因归结在自己身上。说出的理由合乎情理，让对方觉得拒绝也是为了他（她）好，尽量让对方觉得他（她）不是遭受到拒绝，而是双方真的不适合。最后，选择恰当的方式和时机。拒绝别人千万不要托人处理，这样显得对对方不够尊重。为了体现出诚意，最好是采取面谈或书信的方式。在时机上，既不要太鲁莽，也不要拖延太长。选择什么样的时机，要视具体情况而定。总之，一定要把伤害降到最低为前提。

如果不爱，就请拒绝，这是对爱你的那个人最大的善良。

有一种爱，叫做放手

人们都知道爱一个人需要很大的勇气，那么因为爱而放弃一个人便需要更大的勇气。倘若你知道，你的放弃可以让对方收获更大的幸福，你会有勇气选择放手吗？你爱一个人，不就是渴望对方拥有最大值的幸福吗？如果绑住的爱让对方变得不幸，还不如放开风筝的线，让对方飞去自由的地方。

很多时候，爱情是那么的不圆满。不可能每一段爱情都能两厢情愿，如果爱上一个不爱自己的人，是选择等待还是放弃？如果等待与坚持让你成了对方的负累，这样的爱还有意义吗？当你理直气壮地大声宣告你的爱时，对方会欣然接受、感激涕零呢，还是会让他（她）感到无尽的痛苦呢？一个真正懂得爱情的人，就会明白，爱情在很多时候并不等同于拥有，得到并不是爱情必然的结果。

当对方无法爱上自己的时候，也许你可以感动他（她），但却很难进入他（她）的心里。与其让自己和对方都陷入痛苦，还不如洒脱地放开对方，也放开自己，让对方和自己都能拥有重新爱上别人或被别人爱上的机会。尽管这是一个很艰难的过程，但比起维持一份没有温度的爱还是容易很多的。

放弃爱一个人往往比用尽全力去爱一个人要难得多，但很多时候，这种放弃是那么的伟大。放弃，并不是因为不爱，也不是为了自己，而是为了让对方幸福。这样伟大的爱，并不是所有人都能够体会、能够做到的。

天山的深处有一个汽车老兵叫大李，都快30岁了还没结婚。因为山区的工作很辛苦，而且气候条件也很恶劣，让不满30岁的他看起来像个老头。朋友、同事给他介绍了很多对象，但是没有一个成功的。特别是他的一个高中女同学——红芸为他的事不知操了多少心。最后，红芸经过一番慎重考虑决定把自己嫁给这位守边军人，很快他们就结婚了。

结婚没几天，大李就接到部队通知，要回部队执行任务。夫妻俩依依不舍地惜别。两个月过去了，红芸一直没有大李的消息，就在她准备上部队去找人时，却意外收到大李的离婚协议书，里面还夹着一封信。信中说，大李一结婚就后悔了，觉得和红芸并不合适，所以决定和红芸离婚。红芸看完信后伤心不已，想到自己才貌双全，看在同学的情分上才委屈地嫁给他，却反而被甩了。心中怒火难平，一气之下，就在离婚协议书上签了字。

十年很快就过去了，有一天，红芸和现在的丈夫在公园漫步，突然看到头发白了一半的大李坐在轮椅上，被人推着在公园散步。红芸问他怎么变成了这样，他终于说出了实情：那次离开之后，他遇到了一次严重的车祸，命是保住了，可落下了终身残疾。为了不连累年轻美貌的妻子，才写下了那封绝情信。原来大李的放弃，全都是为了不拖累红芸，让红芸过上幸福的生活。这个善意的谎言一瞒就是十年，谁不为这份伟大的爱情震撼呢？

有一种爱，叫做放手。因为太爱，所以选择离开，哪怕是被误解，哪怕是让自己陷入无尽的痛苦之中，也要让心爱的人找到自己的幸福。这样的爱是多么的伟大啊！人类最美的感情不正是如此吗？

爱情，没有合适不合适

每个女人天生都爱幻想，在面对即将来临的婚姻时，往往充满着想象，幻想会如童话中的王子与公主一般，结尾永远是：从此过上了幸福快乐的生活。这些从小便从童话故事中得来的婚姻景象却与现实生活存在着莫大的差距。我们用来形容美满爱情的词汇有太多太多，比如青梅竹马、夫唱妇随、两情相悦、比翼双飞……但是这也未免过于理想。

人无完人，你的另一半也是一样。婚姻幸福的关键不是你寻找到了一个完美的人，而是你是否能够包容对方的不完美，从而和对方达到心灵的契合。恋爱中的双方都应该明白这一点：你们都不是一个完美的人。那么在步入婚姻之前的磨合期，你们就应该清楚地了解彼此是否能够对“对方的不完美”加以包容，同时进行自我改善。婚姻其实就如同共同经营的一项事业，你们的事业是会蒸蒸日上，还是会宣布破产，最关键的还要看双方如何去经营。

千万不要指望婚姻能解决一切。比如，婚前男人是个工作狂，从不陪你逛街，借口是为了将来能让你过上好日子，于是女人就以为结婚后他一定能踏实下来；婚前男人嗜烟酒如命，于是女人又以为婚后他一定会为了自己和孩子放弃这些“不良嗜好”；婚前男人不喜欢做家务，女人总是以为男人在父母身边待久了，习惯了不问家事，结婚后有了自己的家自然就会承担起责任来……

若真如女人们所设想的一般，就不会有那么多怨妇和家庭纷争了。

阿琴在婚前就发现男朋友是个花钱大手大脚、死要面子活受罪的人。但是，那时她认为男人哪有不要面子的，再说一个连面子都不要的男人，那也不值得自己去爱。因此，当男朋友拿着钻戒、玫瑰花向她求婚时，她觉得自己就是世界上最幸福的女人。

伴随着一场豪华而热闹的婚礼，阿琴成了那个男人的妻子。婚后，阿琴发现薪水并不丰厚的丈夫却总是对一些知名品牌情有独钟，从时尚数码到衣服鞋帽，无不要求名牌傍身。到了婆家一看，更是被吓了一跳，公婆虽是普通工薪阶层，却也挥金如土，甚至连浴室的拖鞋也是名牌的。

很快，家里需要添置一台洗衣机，她去和丈夫商量，丈夫却说没钱，等等再说。也是这时，她才发现丈夫居然连一分存款也没有。生气之余，更多的是对自己未来生活的担忧。就这样，两人的战争也开始点燃，总是为一些柴米油盐、鸡毛蒜皮的事情吵架，而一切的导火线只有一个——钱。

阿琴又是后悔，又是伤心。当时恋爱时，丈夫总是为自己买贵重的礼品，那时她觉得那是丈夫舍得花钱，是真心爱她；而如今却觉得丈夫大手大脚是不顾家，不会过日子，对家庭没有责任感……

吵吵闹闹中，阿琴的婚姻走过了七个年头，但是丈夫“乱花钱”的习惯却越来越变本加厉。无论她如何不满，丈夫也没有丝毫收敛，以致弄得负债累累，而他们也因承担不起房费不得不从原来的年租房搬到了月租房里面。

原以为婚姻能够改变丈夫婚前的生活习惯，唤醒丈夫的责任心，没想到一切都已落空。如今，阿琴只有一个想法，就是和丈夫离婚。

其实，婚姻的成功关键在于婚前的选择和婚后的经营。和爱情相比，人们厌倦婚姻的原因是它太无所顾忌。

台湾作家三毛说："爱情如果不落实到穿衣、吃饭、数钱、睡觉这些实实在在的生活里，是不容易天长地久的。"婚姻既是两个独立存在的个体，又是两个人之间精神与肉体的合而为一，也是爱情的升华，人与人之间最深刻的关系。两个半圆拼在一起才算是圆满，换句话说，如果两个不圆满的人能够互相包容结合，也可以成就一桩美满的婚姻。

或者说婚姻就是一堆琐碎的事加上两个相看生厌的人。倘若你没有做好任何心理准备，切勿盲目地迈进婚姻的大门。

记得有一位聪明的母亲这样问将要步入婚姻的女儿："你可以接受你未来的丈夫所有的习惯、能力和人品吗？你是否能够接受你未来的丈夫现有的所有缺点？若他在结婚之后所有的一切没有任何的改变，你是否会一如既往地爱他并且丝毫不会后悔？如果你的答案是肯定的，我同意并且祝福你们的婚姻。"

当时，她的女儿认真地考虑了很多天后，对妈妈说："我确信自己不会后悔。"所以她明确地告诉妈妈自己决定结婚。

其实，"婚前选你所爱的，婚后爱你所选的"，即使出现矛盾，也要多想想对方的好处，只有持有这样的心态才能让你的婚姻走向幸福。缘分是天意，爱情没有绝对的合适与不合适，而是贵在相互包容和珍惜，如不去珍惜，爱情并不会天长地久。

幸福，经不起计较和对比

孔多塞侯爵曾说：“安于自己的生活，不要与他人比较。”虽然只是寥寥数语，却道出了最发人深省的真理。假如你拿自己的缺点和别人的优点相比，你会怎么衡量呢？你会开心吗？尽管答案一目了然，但在生活中还是有很多人会这么做。

在别人眼里，顾丽丽是个让很多女人羡慕甚至嫉妒的女人，她模样娇媚，性格温柔，家庭和睦，工作清闲，虽然结婚多年，但丈夫对她的感情始终如一。

不过在顾丽丽看来，她却一无是处。她总是喜欢和朋友谈起别人，都是一些她羡慕的人，而且常常拿自己和那些人做比较，结果总觉得不如人家。例如，A朋友嫁了个有钱的男人，经常到国外去购物，衣服、皮包、鞋子，无一不是名牌；而朋友B和老公结婚了五年，两个人仍旧像恋爱的时候如胶似漆，老公会时时制造浪漫，令家庭充满温馨；而C朋友的老公总是好运连连，被上司器重提拔，委以重任，好不风光……所以，顾丽丽常常会自卑，而且想不通自己为何处处不如人？

仔细想来，其实很多人都或多或少有过这样的情形：当你去朋友家做客，看到人家的新居，就会由衷地赞美，并下意识地觉得比自己家要好，却不知道其实朋友看到你家也会有这样的想法；当你看到别人的汽车时，总是以为自己的汽车不如人家的新，却不知道当几年前你拥有汽车时，朋友还在挤公交车呢。

女人总是喜欢拿一切来比较，如家庭、工作、房子、吃穿，甚至是自己的老公。在比较的过程中，大多数女人总是看到别人的长处，而恰恰忽略了自己也是别人羡慕的对象。之所以会这样，是因为她们忘掉了一条最基本的道理——尺有所短，寸有所长。当你总是拿自己的短处和别人的长处比较时，你就会发现自己总是不如别人。久而久之，就会被盲目的比较扰乱了自己的内心，从而让自己的人生陷于混乱。

两千多年前的汉代，有一名武将叫周勃，因为战功卓著，被封为右丞相。有一天，汉文帝想了解一些民生疾苦的事情，就把周勃找来了。

文帝问周勃："一年之中全国有多少件案子要审理啊？"

"不知道。"周勃听后愣了一下，回答说。

文帝接着又问："那么全国全年的财政支出和收入是多少呢？"

周勃战战兢兢地说："不知道。"

于是，文帝只好去问左丞相陈平。陈平说："不同的事情有不同的人来管理，廷尉负责案件的审理；内史负责管理财政的事情。只要问问他们，就全明白了。"汉文帝对陈平的回答十分满意，周勃也因此而感到非常羞愧，觉得自己处处比不上陈平，于是他以生病为由提前告老还乡，辞去右丞相的官职！

周勃本是一员武将，如果一味地和擅长计谋的陈平去比安邦治国，无疑是拿自己的短处和他人的长处相比，这样比较的结果只会是越比越气馁，不仅对自己不好，而且对国家也很不利！

当然，并不是说不能比较，俗话说"有比较，才有进步"，只是这个前提必须建立在有可比性的基础上才有意义。千万不能只看到别人的优点，而忽视了自己的长处。此外，虽然恰当的比较有利于进步，但是也不可凡事必比。盲目地去比较，难免会产生羡慕嫉妒之心，因而减少自己的快乐，也会过分地夸大对方的好处，而忽略自身拥有的幸福。所以，不要总是在羡慕别人的光环下度日，注重营造和享受自己现有的幸福，才是快乐的关键。

美国作家威廉·福克纳说："不要竭尽全力去和你的同僚竞争。你应该在乎的是，你要比现在的你强。"有句话说得好："你走你的阳关道，我过我的独木桥，两不相干。"你唯一要做的就是让自己拥有一种平和的心态，正确地对待他人，公正地评价自己，如此才能珍惜现在所拥有的，让自己活得快乐。

小张是个聪明美丽的女人，性格也文文静静，说起话来慢条斯理，轻声细语，却很容易看穿别人的心事，说到别人的心坎上。

她的生活说不上令人艳羡，却也自得其乐。丈夫为人谨慎，事业已经步入正轨。她有一个聪明伶俐的男孩，但对孩子从不苛刻要求，不会强迫孩子学这学那。每逢双休，一家三口总要出去游玩一番。小日子真可谓是十分的舒适滋润。而小张，每天都要睡个午觉，花一定时间来做健美，生活非常有规律。对那些能力超过自己的同事，她从来都不会产生嫉妒之心；对那些不如自己的同事，她也不会产生鄙视之情；只对一些势利小人冷眼旁观，但也不针锋相对。她心明如镜，和那些为了利益拼得你死我活的人相比，她的人生才叫精彩。

小张之所以会有如此的心态和气度，完全是因为父亲的一句话。记得她在读初中时，因为体质非常弱，许多体育活动都无法参加，于是她在学习上就非要一争高下，偶尔有一门功课拿不到第一就会难过、自责。有一天，父亲对他说：“你做的已经很好了，凡事不必非要刻意去追求优秀，能做到良好就可以了。”从此，她的心态放宽了，也不再去和别人比较了，而是专注做好自己，这样反倒让她的成绩有了新的突破。

其实，人生就是如此，只有从实际出发，用一颗平常心做事，才能够生活得更好。高中毕业后，小张给自己的定位是上一所普通大学，因为压力不大反而发挥更好，结果轻松地考上了重点大学。毕业后，她根据自己的能力选择了和自己专业对口的一家单位，她为的就是离父母近些，能互相有个照应。就这样，小张一点一点地构建着自己的良好人生。

有人认为良好人生不代表美好人生。其实，良好人生的境界已经是很高了。当一个人各方面的能力都能达到良好时，谁还会认为这样的人生不美好呢?

看过米兰·昆德拉的《生活在别处》的人都会有这样的感悟：我们的生活总是在远方，都在想，如果明天我有钱，我就可以……要知道，纷扰复杂的人生道路上，平淡真实才是生活的真谛，没有必要去和别人比较什么，或非要争个高低，把握自己，活出自己最精彩的人生才是最重要的。

在生活中，很多人会羡慕别人拥有的东西，例如一个真心的伴侣、一份不错的工作、一幢华丽的新房，等等，但是他们却总是忽略了自己身边所拥有的。其实，每个人的人生都有不一样的精彩，与其用盲目的比较扰乱自己的内心，不如好好地看清楚自己的优点，并努力将自己的人生经营得更加美丽。

第十章
婚姻暗示力：有些话不可直说

婚姻中的沟通是要讲求策略的。爱情也有三十六计，温柔的语调就是其中一计。不管你在经历怎样的情感生活，温柔永远都是女人的武器。在这个充满悬念的婚姻战场上，想占上风也不是那么容易的，所以还是让我先给他放一个温柔的炮弹，把这个属于自己的男人炸的晕头转向，再配上一把温柔的利剑，让他彻彻底底拜倒在你的石榴裙下。只有这样，你脚下的这双婚姻鞋，才会合你的尺寸，穿起来更舒服。

你是唇，我是齿

婚姻不是照镜子，不是你我对看，而是向一个方向看齐。婚姻的幸福度在于夫妻之间的联结度。夫妻之间联结得越紧密，就越容易感受到幸福。怎样加强夫妻之间的联结呢？正确处理生活中的每一个小细节都可以加强这种联结。

婚姻生活中一般不会有什么大是大非的问题，所以矛盾或冲突不过是夫妻各自立场的问题。如果能秉持“夫妻是共同体”的原则，很多问题就会迎刃而解。

都说“不是冤家不聚头”，小慈和阿孝可能从一开始就注定是冤家。单位的阿姨们张罗着要给小慈介绍对象，小慈的条件是：一是人要长得高大英俊；二是工作单位要好；三是家庭条件要好。不久有人介绍小慈和阿孝认识，小慈不禁大失所望，毫不客气地对阿孝说：“我还以为是一颗钻石呢，原来不过是一块粗糙的石头。”阿孝也不客气地回她：“嗬，我还以为是什么金枝玉叶呢！还真不怎么样。”小慈气得牙咬得“咯咯”响。

俗话说，“不打不相识”。这两个喜欢冤家竟然在随后不久步入了婚姻殿堂。

从婚后的第一天起，他们不足几十平米的小屋真的可以用“硝烟弥漫”来形容。不管因为什么事，夫妻俩总要争出个高低，谁干活少了、谁先追的谁、孩子像谁等，都能引起他们的“战争”。

小慈斗不过阿孝，就去争取女儿的支持。小慈问女儿：“你是喜欢爸爸，还是喜欢妈妈？”女儿回答：“喜欢爸爸！”小慈便诱导女儿：“妈妈给你买花衣服和好吃的，你爸爸从来没给你买过……”四岁的小孩子哪里有什么坚持的立场，很快就转变过来：“妈妈，你才是我最喜欢的人！”

阿孝也不甘示弱地对女儿说：“妈妈是个粗心妈妈，上次给你买鞋子，结果一只大了一号，一只小了一号。”小慈立即反唇相讥道：“你给女儿做的风筝还没飞出十米就掉下来了，还不如路边五块钱一个的风筝呢！”

朋友们调侃他们的婚姻就像是在剧场说相声一样，不出三年，他们家准能有一个“国嘴”诞生。小慈和阿孝报以无奈的笑。他们也觉得这样很伤感情。两个瓶子，再坚固，老是碰撞，也终会留下伤痕吧。可是，一遇到什么事，他们好强的性格又上来了，一定要争个输赢才肯罢休。

一对陌生男女因爱而步入婚姻，他们结婚的初衷无非是为了让生活变得更加美好，而不是为了一较高下。将婚姻当作一较高下的行为是一种幼稚的竞争，这样做的结果最终只会是一损俱损。

小慈和阿孝都是争强好胜的人，这并不是什么缺点。但就婚姻而言，这种不良习惯早晚会让他们的婚姻亮起红灯。

结婚就意味着两个人成为一个整体，幸福的婚姻建立在夫妻同心的基础之上的。不管遇到什么问题，都要有共识，这样才能将问题妥善处理。正所谓“人心齐，泰山移”，即便是遇到再大的困难也会有解决的办法。

婚姻中两个人携手同行，难免遇到矛盾和烦恼，但两人既然已经结为连理，并且行路的方向都一致，那么，何妨少些争执和挑剔，多一些宽容和理解呢。当两个人变成同盟关系，很多棘手的问题都会迎刃而解。

夫妻关系是整个家庭关系的基础，夫妻要形成一个唇齿相依、息息相关的共同体，如果夫妻都不能结成统一战线，而是处处敌视、攻击对方，那就瓦解了家庭存在的基础。

形成了共同体的认识，这只是迈向幸福的一小步，我们还要将这种意识融入到生活中，并且多加练习，这样才能收获幸福。基于此，我们给小慈和阿孝这对夫妻三条建议：

第一，如果再发生对立情况，立即牵手，以示和解。如果这样的情绪难以得到平复，无法友好地说话，可以暂时牵着手静静地什么也不说，等都冷静了下来，再选择正确的立场。

第二，平时说话多使用“我们”的代词，少使用“我”和“你”，特别是减少“我”和“你”同时出现的频率，避免将两个人人为地弄成对立面。

第三，规划共同的未来，探讨一年之后、五年之后、十年之后，“我们家”、“我们”两个人的状况。为实现这些目标，“我们”要做些什么呢？通过这些讨论，增强俩人同舟共济的责任感。

结婚证≠婚姻保险箱

当你们的结婚证上盖上了红红的印章，你们的恋爱就有了一个结果，但是不要以为这样就进了保险箱。你的男人可以有钱，可以有房，可以有车，但那些通通都是他的，要想在家庭中拥有自己的地位，首先就要拿出自食其力的风范。要想在感情的路上走得长远，要想让你们之间的感情日渐深厚而不是疏远，首先就要有一个长远的规划，并且时刻保持女人自身的危机感。我们不能一结婚就来一个大松懈，什么理想啊、前途啊，都成了年轻时候看过的小说，看过就忘了。我们更不应该把自己的注意力完全集中在一个男人身上，他不是我们长期的饭票，万一有一天他那里断了粮，我们还是要照样生活下去。

尽管这个时代已经不同了，女人有了自己与众不同的舞台，可大多数的人还是认为找一个有实力的老公才是真正的硬道理，结了婚就有了依靠，再也不用活得那么累，再也不用担心自己这辈子没有依靠。她们把婚姻当作是进了保险箱，觉得结了婚自己就可以过上无忧无虑的日子，只要自己尽到了家庭主妇的义务，把家里的事情打理好，就可以了。可是，她们根本就不知道，婚姻想要延续，只做到这些是不够的。试想有一天你的老公突然对你说："跟你在一起实在太单调乏味了，一点共同语言也没有。"你又会作何感想呢？也许你会委屈地认为自己已经为这个家牺牲得太多，也许你以为你已经尽到了一个好妻子的义务，但是，你却忘了两个人相互交流的必要。婚姻中，过分的懒惰会让你丧失接受新鲜事物的能力。随着时间的流逝，男人在和你交流时说出来的东西你越来越不懂了，家长里短把你包围得越来越紧，可这些事情对他来说并不是很感兴趣。就这样你们之间的距离越来越远，关系越来越冷淡。他开始到外面去寻找刺激，而你却只能在家里黯然神伤。

多多是一家民营公司的会计，2007年遇到了她的老公向南。向南是一家外企的高级主管，为人阳光开朗，心胸豁达，多多一直以有这样的男朋友为荣。

恋爱的时光是甜蜜的，向南经常对多多说："宝贝，等咱们结婚以后，你就不要那么累了，就在家里当全职太太，养家的任务就交给我，我会让你更加幸福的。"听了向南这么说，多多总是红着脸微笑着，她知道向南是爱她的。就这样经过了一年多的热恋，两人决定结婚。结婚之后，多多就辞掉了自己原来的工作，成了一名全职太太。

起初，两个人的生活风平浪静，温馨甜蜜。但是时间一长，多多发现，向南回来说的一些事情她越来越听不懂，什么政治新闻、投资走势，通通不明白。对于丈夫工作中遇到的问题和烦恼，多多明明知道却提不出任何有效建议。慢慢地两个人之间产生了隔阂，向南回家后话越来越少了。这让多多心里不免有了不祥的预感，一种女人的直觉告诉她，他们之间一定出现了问题。可是自己究竟该如何解决呢？她曾经一直认为，只要一结婚，女人就可以在丈夫的臂膀下快乐地生活，可今天看来，事实并非如此。

为了扭转局面，多多曾多次和向南主动沟通，可是两个人经常因为话不投机而不欢而散。慢慢地，向南开始不爱回家，多多打手机他也经常不接。痛苦之余，多多开始反思自己，想想自己曾经的付出，她觉得自己真的很无知，谁愿意和一个与外界事物严重脱节的女人在一起呢？谁会看得起一个永远手心向上的女人呢？谁愿意找一个和自己无话可谈的人相依相伴呢？于是，多多决定采取补救措施，可是一切都已经太晚了。

有一天，向南突然向多多提出了分手的要求，他对多多说："多多，我觉得我们已经没有在一起的必要了，我们没有共同语言，你也不能帮助我解决任何问题。我越来越觉得自己只是一个赚钱机器，在家里找不到一点温暖。我曾经也想努力为你创造更好的生活，但婚姻毕竟不是保险箱，我现在越来越担心，万一我的工作状况发生改变，我还有没有能力承担起自己的责任。既然如此，不如我们现在就结束吧！因为我们已经不是同一个世界的人了。”

听了向南的这番话，多多心里很痛苦。当初是他提出要让自己做全职太太照顾家里生活的，她也一直认为结婚就可以让自己的生活安定下来，可是现在他却说自己和他不是一个世界的人。多多这时候才幡然醒悟，心里反反复复地回味着“婚姻不是保险箱”那句话，心中久久不能平静。

如今这个时代对女人有了更高的要求，她们除了要照顾好家庭，还要不断提高自己，同时还应该时刻保持那种生活的危机感，积极地面对生活，让自己的生命更有价值，更有光彩：婚姻不是保险箱，相反它需要我们不断地倾注自己的精力和想法。我们不能总把自己定位在家庭妇女的位置上，前辈的生活方式我们可以借鉴，但绝对不能照搬。新时代的女性应该时刻保持和丈夫平等的位置，同等的步调。只有你真的做到与他步调一致，才能成为他在这个世界上最贴心的人，才能成为他这辈子都离不开的人。

这个世界上没有什么东西是永恒不变的，要想和老公之间永远保持亲密的关系，首先你就要顺应婚姻生活的变化，不要总是去做那个明明付出很多却又没能得到对方肯定的可怜虫。我们不应该因为踏进了婚姻生活就放弃了自己曾经的工作，甚至理想。这样只能让你与他之间的差距越来越大，逐渐没有了交谈，没有了心灵上的沟通，婚姻的趣味就少了一大半。不要认为结婚就是平平淡淡地过日子，婚姻也需要激情，没有人愿意永远只喝白开水，这杯婚姻的饮料，需要你用心去调配。做一个有心人吧，时刻保留住自己的神秘感，让自己的笑容依旧灿烂，让他倾倒在你的睿智之下。爱是需要不断投入新鲜的养分才能延续的，让我们现在就行动起来，装点自己的婚姻，让它更加新鲜，更加安定，更加和谐和美好。

爱情三十六计——以柔克刚

女人一定要学会温柔，因为温柔才是王道。温柔似水，才能以柔能克刚。如果你认为自己没有聪明的头脑、广博的才学，如果认为自己没有美丽的容貌、魔鬼的身材，不要悲伤，因为至少你还拥有女人特有的温柔。我想世界上没有任何一个男人可以抵抗温柔带来的力量，当你用温柔的语调与他交流，当你用温顺的眼神向他微笑，这种柔情能够渗透到男人的每一根血管，让他倍感舒适，倍感温暖。

每个女人都希望把老公的心牢牢地抓在自己的手里，然而要想做到这一点，光靠蛮力是不行的，这是对女人情商的一种考验。要知道，男人一般是不“谈心”的，想要让男人对你没有任何秘密可言，其困难程度不亚于让一个女人心甘情愿地宽衣解带。俗话说的好：“女人需要男人疼，男人需要女人的理解！”作为女人，要想真正了解自己的男人，首先就要学会温柔。

婚姻中的沟通是要讲求策略的，爱情也有三十六计，温柔的语调就是其中一计。不管你在经历怎样的情感生活，温柔永远都是女人的重要武器。在这个充满悬念的婚姻战场上，想占上风也不是那么容易的，所以还是让我先给他放一个温柔的炮弹，把这个属于自己的男人炸的晕头转向，再配上一把温柔的利剑，让他彻彻底底拜倒在你的石榴裙下。只有这样，你脚下的这双婚姻鞋，才会合你的尺寸，穿起来更舒服。

王慧和李飞结婚不到半年，却天天为了周末在哪度过而吵架。“凭什么啊，凭什么又要到你家去吃饭啊，各吃各的有什么不可以的？”王慧一脸委屈地向老公发问道。“就因为咱俩老不回家吃饭，我妈刚才在电话里把我骂了个半死。不过说句实话，我妈也不是傻瓜，咱俩老这么躲着她，他一定会看出来的。”李飞惨惨地对王慧哀求道。“看出来也没啥！”王慧开始泛起小嘀咕来。“我们老到你家那边吃饭，我家那边肯定会有意见的，上周不是刚刚去过你家了吗？一个多星期没见，我妈肯定想我了。好老婆，今晚就到我家去吃饭吧，咱们明天再去陪你爸妈行吗？我今天晚上要是不回家吃饭，我就死定了。”李飞苦苦地哀求着。“不行！要回你自己回吧！我得回去陪我妈！说真的，我一见你妈就犯憷，那么多要求我可受不了，真让人害怕。”“怕什么啊，有我呢，她又不会吃了你，最多训你几句而已。你就应该多向我学习学习，脸皮厚一些就没事了，无论我妈怎么骂，我一耳朵听一耳朵冒，要不然早被气死了。”李飞用恳切的目光央求着王慧。

“哎呀，算了，听你的，回家吧，臭老公，怎么这么烦人啊。”见老公如此的为难，王慧实在是不忍心了，只得用娇滴滴的声音温柔的答应了。“啊，老婆大人，你实在是太好了，太通情达理了，爱死你了，明天就是再忙我也一定跟你一块儿回你家吃饭。”李飞激动地称赞着自己的老婆。“你才知道我好啊？娶了我你就是中大奖了，那是你几辈子修来的福气。”“那是当然了，你是我这辈子最大的幸福。”“不行，你今天欺负我了，作为偿还，你必须亲亲我、抱抱我才行呢！”话说到这里，王慧开始跟老公撒起娇来，这招用在李飞身上的确很受用，他赶快把小娇妻抱在怀里，亲吻着她的脸颊，抚摸着她的头发。

第二天一大早，王慧和李飞两口子就去了娘家，李飞因为妻子温柔贤惠识大体，买了很多礼物给老丈人，结果可以说是皆大欢喜。后来李飞也常常在外人面前夸奖自己的老婆善解人意，说自己能找到这样美丽温柔的老婆真是太幸福了。

女人特有的武器就是温柔，哪个男人不害怕这样的“武器”呢？但也有很多女人忘记了温柔，她们虽然每天把家里的事情考虑得面面俱到，但却因为坏脾气而吆喝孩子和指责老公。一旦老公的心转移了，她又会拿自己的付出来说事。然而自己没有意识到，这样的结果完全是由自己亲手造成的。身为女人，不单单要勤劳持家，还要学会和丈夫互相取悦。保姆、管家婆不是男人真正需要的，男人需要的是一个温柔、善解人意的老婆。

有的时候婚姻就如一杯白开水，你放糖进去它就是甜的，你放醋进去它就是酸的，你放苦丁进去它就是苦的。有的时候得到幸福并不是那么困难的一件事情，关键就在于你怎么去经营自己的婚姻，调解你与老公之间的关系。出现矛盾也好，有了冲突也罢，只要你善于运用自己的温柔，就没有什么问题会成为真正的问题。夫妻是婚姻的主角，世界上很少有一个男人喜欢和一个讲话粗野、行为泼辣的女人长久地生活在一起。尽管抱得美人归是每个男人心中的梦想，然而并不是所有人都能如愿。作为一个女人，你可以没有倾国倾城的容貌，但你绝对不能失去面对男人时的体贴入微。有的时候，温柔的语调就是一根无形的绳索，它可以帮助女人牢牢地拴住男人的心。男人最讨厌的就是一哭、二闹、三上吊的把戏，真正的好女人，更懂得如何经营自己的爱情。让我们用柔声细语代替河东狮吼，用贴心的安慰代替满肚的埋怨。当你把最为美妙的声音、温柔的言语给予老公的时候，自己也必然会收获温暖和幸福。

有时候，婚姻就是这样的。用温柔去赢得男人的心吧！只要你真的用心去做了，就一定能得到回报。当你用温柔把男人的“面子”“里子”都给足的时候，他也就乖乖成了你感情的俘虏，沉醉地靠在你身边，久久不愿离去。

有时被“骗”的滋味儿也挺甜美

有人说爱情是容不得半点欺骗的，两个人要彼此真诚，彼此信赖。然而现实有时候总是让我们感觉到它的残酷，直白的谈话方式往往让我们无法接受。有人曾经说过这样一句话："撇开道德，谎言是一种智慧。"之所以谎言被人们给予如此高的评价，是因为实话有时更伤人心，更不利于彼此的相处。生活中，经常能碰到一些善意而美丽的谎言，这些谎言构成了人生的另一种风景。它丰富了人们生活的情趣，使你与他的婚姻生活更为和谐，更为愉快和美满。

从很小的时候父母就教育我们说："要做一个诚实的好孩子。"时光流逝，如今我们已经由妈妈的孩子成为了孩子的妈妈。但这句话却深深印在了很多女人的心里。在大多数人看来，婚姻应该是没有谎言的，两个人要想长长久久在一起，首先就要做到彼此真诚。这话虽说不假，但有时候真诚的谎言也是很有必要的。它往往比实话来的更贴心，给人一种安定而温暖的感觉。

也许大家都认为，说谎是不良行为，但相处中，偶尔还是需要一些善良的谎言的。诚实不分场合，就会伤人伤己。不以利己为目的的谎言就是善意的。在适当的时候说出的谎言，饱含真诚和温暖，能让说谎者与被"骗"者共享欢愉。

你也许渴望拥有一段没有欺骗的婚姻，却不知道真实的谎言有时也是对自己的一种慰藉。如今这个时代，现实真的越来越残酷，当我们疲惫不堪的时候，真的希望能有一个人好好宽慰自己一番，哪怕他说的都是一些不可能实现的事情，却能带给自己一份满足。一些时候，真诚的谎言就是这么有魅力，它总是有着这么一股莫名的力量，即使让人知道自己受了欺骗仍然能够倍感幸福，倍感喜悦，甚至流下感动的泪水。

李梅和王海是经人介绍走到一起的。第一次见面的时候，他们相约在一家咖啡馆见面。两个人都很紧张，不知道说些什么，东拉西扯还是感觉没有什么共同语言，让李梅觉得坐在她眼前的这个男人一点特点都没有。看着王海通红的脸，李梅准备找个说辞离开。正当她想着如何开口时，王海却叫来了服务员说："您好，不好意思，能不能往我的咖啡里加点盐？”这句话引起李梅的好奇，她心想自己也不是第一回喝咖啡，从来没听说过往咖啡里加盐的。

于是李梅微笑着问王海：“你怎么爱喝加盐的咖啡啊？”“哦，我的家在南方沿海城市，小时候总是在海边玩耍，现在离开家已经很久了，却很迷恋家乡海水咸咸的味道。所以每次喝咖啡的时候我都有意往杯子里放点盐，聊以自慰，以解思乡之苦。”听了王海的一番话，李梅也想起了自己的家乡，自己已经在这个大都市奋斗了五年，却很少回家。她忽然觉得这个男人是可以依靠的，他们都是恋家的人。于是两个人终于找到了闲聊的头绪，他们从自己的故乡谈起，又说到了自己现在的事业和理想，之后又聊到了彼此对人生的态度。时间随着咖啡店里钟表的滴答声而慢慢地流逝，两个人却聊得越来越投机，久久不愿散去。

就这样，王海和李梅经过一段时间的了解，正式确立了恋爱关系。李梅发现自己和王海竟然有这么多的共同点，很庆幸自己当初没有草率离去，不然可能会错过了这段美好的姻缘。他们仍然经常去那家咖啡馆聊天，每次喝咖啡的时候李梅都会主动要求服务员往王海的咖啡里放一点盐。

就这样他们终于步入了婚姻的殿堂，彼此相爱，生活也过得舒服惬意。李梅经常主动给王海煮咖啡，然后细心地撒上一点盐。直到有一天王海不幸得了不治之症，在他即将离去的时候给李梅写了一封信，其中有一段是这样写的：

我可爱的妻子，还有一件事情我必须向你道歉，那就是我并不喜欢喝加了盐的咖啡。第一次见你时我就被你的文静深深吸引，却不知道该怎样和你交流。眼看你有了去意，我开始着急了，所以就紧张地让服务员给我的咖啡里放点盐。本来是想缓和一下气氛，可没想到我的这个举动，却帮助我们打开了话匣子。我曾经想过把事实真相告诉你，可又怕你会生气，所以这种咖啡里加盐的生活就这样继续下去了，但是，我觉得我是这个天底下最幸福的男人。现在我要先走了，真的没有跟你过够啊！如果有来世，我还愿意跟你做夫妻，只不过，你一定要记得千万不要再往我的咖啡里加盐了。最后深深地向你道个歉，千万不要因为我欺骗了你而生气啊……

看了王海的信，李梅泪流满面，想不到这个男人这样骗了自己一辈子，将加盐的咖啡喝了一辈子，为了这个不经意的谎言坚持了一辈子，可见他对自己的爱是多么深。尽管受了骗，李梅还是觉得很幸福，她自言自语道："来世我们还做夫妻……"

一个真诚的谎言，带给了李梅一辈子的幸福。尽管这个男人骗了她一辈子，却仍然让她倍感幸福。这就是爱的谎言带给人与众不同的力量，让人听起来暖暖的。它让对方甘心情愿的被欺骗下去，并将这种欺骗看成是一段美丽的回忆，沉迷其中，久久难以忘怀。

如果说两个人相遇，爱了是一种偶然，那么走到一起，相互温暖就成为一种必然。谎言也许会让我们认为那是一种对彼此不忠诚的表现，却忘记了那些真诚谎言带来的甜蜜，这种甜蜜可以转化成一种眷恋。当两颗心因为一句温馨的谎言碰撞出了爱情的火花，当一句暖暖的谎言在瞬间赶走了冬夜里的严寒，谁也抗拒不了那发自内心的幸福感。这种"欺骗"的力量，总是让我们爱得更炽烈。尽管那些话不是真实的，但对于真正感受到这种"被骗"滋味的人来说，一切都是温暖的，一切都是幸福的，一切真不真实已经不重要了。

婆婆与媳妇，要学会磨合

母亲和媳妇是男人生命里最重要的两个女人，她们都深深地爱着同一个男人，一个拥有这个男人的前半生，一个包揽了这个男人的后半辈子。

也正是因为这个男人，两个女人从素不相识，成了有缘的亲人，相互之间有一些不适应也是很正常的。对于妻子而言，虽说婆婆是自己的长辈，可要和这个长辈和谐融洽地相处，并不是一件简单的事情。很多年轻女孩结婚的时候，通常最担心的不是和自己的老公相处不好，而是怕和婆婆合不来。有人把婆媳关系比作是一对冤家。常言道："不是冤家不聚头。"婆婆和媳妇要想和睦，都需要适应和忍让，需要磨合。所以为了家庭的幸福，为了你们深爱的男人，能让一步就让一步吧。既然都是疼爱一个人，又何苦相互为难呢?

生命中总是充满着无数的机缘和巧合，婆媳关系就是这样一对奇妙的女人组合。世上的男人不少，你却因为与他之间的缘分而成为了他妈妈的半个女儿，两个女人由不同的家庭，变成了同一家人，你还要管一个原本和你毫无血缘关系的女人叫一声"妈妈"，因为正是她给予了一个你最爱的老公，赐予了你一辈子的幸福，这难道不是缘分吗？若是妻子待婆婆像待自己的母亲一样，必定会得到老公和婆婆共同的疼爱，双方都得到了一个开心果，不是一件很好的事情吗？然而，很多人却将婆媳之间的关系比作是一对天生的冤家，觉得和婆婆相处起来很困难，觉得老太太的嘴太厉害，说的话太难听，总是得理不饶人，当儿媳妇多么的受气。这让人不禁感到婆媳关系真的是一碗不好煲的汤，说不清谁对，也说不清谁错。总而言之，酸甜苦辣都在里面，要想将这碗汤煲好，不仅要掌握好火候，还要随时留心。婆婆与媳妇都是女人，既然都知道做女人的不容易，并且想让同一个男人生活幸福，又何苦互相叫板呢?

经常闹矛盾的婆媳很容易伤害到彼此之间的感情，以致影响到整个家庭之间的生活。日子长了，两个女人好像成了仇人。这时候，夹在中间的男人真的是很劳心，一会儿哄哄这个，一会儿劝劝那个，却怎么也解决不了最实际的问题。两个女人还是各执一词，不肯低头。婆婆总是说儿媳妇目无尊长，儿媳妇却将婆婆刺激自己的话记得一清二楚，两个人互不相让，非要争出个高下才算了事，眼看事情交涉不清，两个冤家各说各的道理，搞得男人在两人中间受夹板气。类似这样的事情真的不在少数，时间一长，男人开始独自郁闷起来，他找不到家的温暖，一推开门就要面对两个女人你一言我一语的争吵，这种冲突成为一种恶性循环，真的不知道什么时候才是个尽头。

自古以来，婆媳相处之道就是一门很深的学问。有多少相依相伴的情人在彼此的感情上没出现任何问题，却在婆媳关系面前不知如何处理，甚至闹到离婚收场。所谓"婆媳"其实是一种现实生活中人际关系的延伸，表面上，婆媳问题只是女人之间的小隔阂，其实这也是女人与男人的问题，婆媳关系首先就是因为一个男人而形成的，然而正因为有了婆媳关系，两个人的婚姻就要受到另一番考验。

小晴和男朋友王朗谈了四年的恋爱，两个人的感情之船在汪洋大海中稳步行驶。在小晴的眼中，王朗是一个心很细、特别会关心女孩子的男人。经过一段时间的相处，王朗正式向她求婚，还要她和自己一起去见父母。这让小晴欣喜不已，于是两个人手牵着手，来到了王朗父母的住所。

一推开门，小晴看到了一个板着一张脸孔的女人，脸上没有丝毫的微笑，王朗向小晴介绍这就是自己的妈妈，看到面前的这个女人如此冷漠，小晴不由心中产生了失望感，但还是努力陪上笑脸叫了句："阿姨好！"两个人坐了下来，王朗的妈妈开始问小晴很多问题，家在哪儿，学历怎么样，工作怎么样，会不会做家务，等等。这让小晴觉得自己好像在被调查户口。经过一番询问后，王朗的母亲总结道："也不过如此嘛！我们家王朗长得又高又帅，有很多女孩子都喜欢他呢。"听了这话，小晴差点被气得晕过去。于是她站起身来说："阿姨，我还有事，先走了。"看到小晴一脸不高兴，王朗赶快追了出去，对小晴拼命解释到："小晴，我妈今天心情不好，平常她不是这样的……"最终爱情的力量战胜了一切，尽管小晴还是觉得和王朗的母亲有些合不来，但她还是因为深爱着王朗，而甘心嫁给了他。

然而婚后的生活对小晴和王朗来说一点都不轻松，原因并不在他们自身的感情上，而是在小晴和婆婆之间尴尬的关系上。起初小晴觉得事事让着点婆婆就没事了，但是时间一长她却被婆婆一次又一次过分的言语激怒了。譬如：“这么大了也不知道要孩子！”“我们家王朗怎么娶了你这么个不会孝顺老人的妻子！”“你到底会不会做饭，什么都不会做，你的父母是怎么教育你的？”……如此这般刻薄的话，不断刺激着小晴的心。她只得等王朗回来向他诉苦，起初王朗还尽力在她们中间左右调和，可没想到越调解越乱。婆婆经常会无理取闹，这让小晴觉得结婚没有任何乐趣，虽然她心里放不下丈夫，但她实在没办法忍受婆婆无事生非的日子，于是她不得不向王朗提出离婚：“既然我没有办法让你妈妈满意，与其这样无休止地争吵，让你为难，还不如我们现在分开，对于大家来说都是种解脱。”

在我们的日常生活中，小晴这样的例子比比皆是。结了婚两个人的情感关系没有出现问题，可是婆媳之间却闹得不可开交。从某种角度来说，结婚后的生活就像一场激烈的婆媳战争。说到这里你一定不由感叹，做媳妇真难，婚前要被婆婆审核，婚后要被婆婆改良。但深思一下，婆婆也很不容易，担心儿子是否遇人不善，所以婚前严格考核未来的儿媳，儿子结婚后又担心他会娶了媳妇忘了娘。由此看来，这两个女人都是很不容易的，如果能多一些理解和关爱，少一些偏见和争吵，再多的矛盾和困难也会以彼此的谦让而烟消云散。

孩子是上天派下来的幸福天使

人生一般都要经历几个重要阶段，一个人的时候想要两个人，两个人以后想要三个人。怀孕是作为一个女人最痛苦而又最幸福的时刻，尽管付出很多的艰辛，忍受很多的疼痛，但即将成为母亲的女人脸上总是洋溢着快乐的笑容。在每个家庭看来，孩子就是一个幸福的天使。当他呱呱坠地的时候，当他第一次哇哇大哭的时候，总是会给亲人们带来无尽的欢乐和慰藉。婚姻需要有孩子作为纽带，有了孩子，两个人的生活就会发生质的改变，他们要从对彼此的感情中分出一部分给孩子。当他们一起在孩子的身上倾注自己更多的精力和希望时，当他们为了孩子的前途而百般规划时，当他们由为人父母的喜悦上升到作为一个家长的责任时，两个人之前的矛盾都不会再深化，反而会化干戈为玉帛，曾经一切的抱怨都成为了任劳任怨，整个家庭也看上去更完整更和谐了。

有人说："没有做过母亲的女人，是不完美的。"因此，大多数女人都希望能够拥自己的孩子，然后看着他一点一点长大，摸着他温暖的小手，那种幸福感是无法比拟的。更何况孩子是自己与丈夫爱情的结晶，就算曾经两个人之间存在着各种各样的分歧，就算两个人经常发生口角，但为了孩子能健康成长，自己也会发生很多改变。作为父母，必然会尽量控制那些曾经各自的坏脾气，将更多的心思用在孩子身上，而且还要为宝宝做出一定的模范榜样。孩子成为夫妻感情的甜蜜果实，成为他们共同努力的希望。当两个人的生活变成了三个人的世界，婚姻也就此开始了一个新的篇章。我们从父母的孩子，升级成为孩子的父母，家庭就此变得更完整，更快乐，更和谐。孩子那稚嫩的双眼，天真的笑容，无时无刻不映在为人父母的心里，这一切都让他们喜悦满足，即便是两口子吵架，也因为有了孩子的介入而日益减少。

美艳有一个聪明活泼的儿子，当这个小生命来到这个世界的时候，他就必然成为了父母的掌上明珠。小两口没有闲心再去吵架拌嘴，而是把自己大部分精力都扑在孩子身上。他们希望孩子有一个美好的未来，也希望自己能够尽其所能给孩子提供更好的成长环境。尽管孩子还小，可两个人却经常坐下来讨论孩子今后的教育问题。

时间就这样转瞬即逝，儿子已经八岁了，上了小学二年级，学习成绩也不错，这让美艳和老公很是欣慰。当然，孩子给他们带来的快乐并不仅限于此，就连两口子在家里有矛盾的时候，体会到有孩子的感受，怕影响他的成长，两个人也会因此将矛盾慢慢淡化。

一天，老公回来以后就懒懒地躺在沙发上，美艳做好了饭叫他吃饭，他也好像没有听见一样在那里闭目养神。这可把美艳气坏了，于是她把勺子一摔，气呼呼地说道："一回家就这副破德行。人家做好饭请你来吃，还要摆臭架子，还要人家用八抬大轿来请你吃吗？""哎呀，你烦不烦呀？我这一天工作已经够累的了，闭着眼睛休息又没招你，你有病啊？""我有病？我也是上了一天班回来的人，凭什么接孩子、洗衣服、做饭都是我的活儿？你上班累，谁上班不累啊……"就这样，两个人开始喋喋不休地争吵起来。这时候在里屋写作业的儿子听到了，于是他悄悄推开了房门，探出自己的小脑袋说："爸爸妈妈，你们玩什么游戏呢？怎么还背起台词来了？"听了儿子的话，两人你看看我，我看看你，都忍不住笑出声来。

一场风波就这样，因为孩子的一句话而有了一个快乐的结束方式。由此看来，孩子真的是家庭必不可少的一个成员。有的时候他就像一个幸福的天使，总是能带给父母无限的希望和生活的乐趣。也许他们经常调皮，也许他们时常不听大人的话，但不管怎样，他们的想象力，他们的一些幼稚可爱的行为，总是会给大人带来无限的惊喜与快乐。当他从蹒跚学步到跑跑颠颠，当他们从牙牙学语到背诵唐诗，当他们从第一次走进校园到成为一名大学生，父母会为之倾注自己全部的关爱和心血。这不仅仅是一种代代相传的生活方式，也是一种质朴之爱的浓情表达。

然而，现在有很多年轻的夫妇都认为要孩子是一件很麻烦的事情，尤其现在工作生活压力一天比一天大，两个人都要忙于工作，将主要精力放在自己的事业和前途上。觉得房贷、车贷已经压力不小，再省出一笔钱来做孩子的日常开销，这会让他们的财政出现赤字。于是，很多人放弃了要孩子的想法，直到自己事业有成的时候才想起孩子对于家庭的重要。可是自己的年龄已经超过了要孩子的最好时期。经常有老人这样劝慰年轻人说：“赶快要个孩子吧！只有这样婚姻生活才会完整。”也许这时候你会不屑地说：“这有什么，都什么年代了，还遵循这样的老观念！”但是，当你做了母亲，真正的体会到孩子给你带来的幸福时，就会相信这句话说得多么正确。

孩子可以改变父母的一生。当他走进夫妻原本二人世界的时候，当他成了夫妻两个人的欢乐，他们就会渐渐发现自己也随着孩子的成长变得成熟了，过日子的方式也发生了变化，花钱开始有了节制，自己会主动把好东西让给自己的下一代，这一切的一切都是心甘情愿的，这一切的一切又是充满幸福的。让我们和自己的小宝贝一起成长吧！有人叫自己爸爸、妈妈的日子是快乐的。相信当你真真正正的把他的小手握在自己的大手里的时候，这个幸福的小天使一定会给你带来一种前所未有的感觉。

第十一章
生活暗示力：输赢没啥大不了

人生有许多东西是无法选择的，比如出身，比如与生俱来的疾病，等等，但我们可以选择以怎样的方式和心态生活。要时刻告诉自己：我们是幸运的，还有更多不幸的人或事。生活暗示力告诉我们，人生中的各种输赢没啥大不了，只要自己还活着。

人生竞技场，坦然看输赢

人生好比一个竞技场，既然是竞技，就会有输有赢，我们以何种方式去赢，又以何种姿态面对输呢？

每个人都渴望胜利，没有谁会希望自己处在失败者的位置，即使是那些不思进取的人，也会对胜利有所憧憬。既然如此，那我们是不是应该不惜一切代价地去争取胜利呢？诚然，为胜利拼尽全力是值得赞扬的，但如果胜之不武，这样的“胜”比“败”更让人瞧不起。

如在面对职场的竞争时，有一些人除了在业绩上努力外，还会用一些“旁门左道”来赢得机会：有些人为了获得晋升机会，便在领导面前诋毁竞争者，或在背后说竞争对手的坏话；有些人为了在工作中表现得比同事更出色，便窃取别人的劳动成果；还有些人眼红他人升职加薪，就在单位拉帮结派，孤立胜者……

这些行为让人感到不齿，用这样的方式获得的成功并不光彩，也不会长久。时间长了，总会露出破绽。只有真正有实力的人才能把胜利牢牢地把握在自己手中。

亨利和杰克同在一家公司上班。一次，公司为员工提供了一个出国进修的机会，可是名额却只有一个。派谁去呢？公司决定进行一次与此有关的演讲比赛，演讲得胜者便可获得这次机会。所有人都同意这种做法。

于是，所有人都开始积极准备演讲稿了。在演讲的前一个星期，亨利每天下班后都认真地准备演讲稿，而杰克却在一旁调侃道："嘿！朋友！不用这么认真吧！"亨利只是笑笑，因为只有他知道自己是多么想争取到这个机会。而杰克呢，他似乎对这次的演讲比赛漠不关心。

在演讲比赛的前两天，公司公布了演讲的顺序。杰克突然对比赛热衷起来，他开始向同事询问有关演讲的事，有时候还经常去亨利的办公桌前向他讨教。

演讲比赛如期而至，两个小时后，除了杰克和亨利，所有的人都出色地完成了演讲。接下来便轮到杰克了，他拿着演讲稿神采奕奕地走上演讲台，声情并茂地开始了自己的演讲。一听之下，亨利才恍然大悟，这些内容不正是自己的演讲内容吗？他顿时脑袋像被抽空了一般。

杰克演讲结束后，得到了一致好评。如果这时候亨利还继续演讲同样的内容，他一定会被认为是抄袭杰克的，因为杰克的自信和口才让演讲内容与他本身浑然一体，没有人会去相信抄袭的人是杰克。

亨利硬着头皮走上了演讲台，他把稿子丢在了一边，开始认真地演讲起来，内容与之前杰克的相差无几，现场一片哗然。

就在所有人都认为，胜利非杰克莫属之时，公司却把进修的机会给了亨利。所有人都大惑不解，公司给出了这样的解释："只有真正属于自己的东西，才会把它刻进心里。亨利赢得很光彩，他当之无愧。"

是啊！杰克靠非常手段企图窃取胜利，最后却那么容易就被人看穿；而亨利凭借着自己的实力与努力最终获得了他应得的机会。可见，只有那些光明磊落的人，赢就一定赢得光彩，哪怕是输也输得漂亮。

输了，是选择坦然面对、笑对未来？还是悲愤妒恨、痛哭流涕？

在一次男子77公斤级举重比赛上，哭倒了三个男人。一个是因为受伤没有完成比赛，失声痛哭；另一个因为一次失误与奖牌无缘，满眼含泪；还有一个，却是银牌获得者，在接受记者采访时，他满脸的不甘与懊恼，不停地向媒体解释：这不是我的最好成绩，这次是因为发挥失常，最后一次上场时手臂出现抽筋的现象……他越解释越觉得沮丧，最后竟哽咽得说不出一句话来。而当时那位金牌获得者就站在一旁，也尴尬得说不出一句话来。

输了就懊恼、不甘，有时候甚至挖苦、诋毁赢的一方，抱着"我没赢，也不会让你赢得舒心"的心态，如此的不大度，不但得不到别人的安慰，反而会遭到人们的厌恶。这样的不洒脱，沉不住气，恐怕在以后的比赛中也很难有大的突破。

同样是输，也有人以微笑来面对。曾是两届奥运会羽毛球混双冠军的高崚，在一次比赛中首轮就出局了。面对这一惨败，她还是一如既往地微笑着说："虽然这次有点遗憾，但下次还是有机会的。"

其实，失败有什么可怕的呢？何必要把一次失败看成是永远的失败呢？我们对自己有更高的要求，不满足于现在的成绩，这是值得肯定的，可是过多的沮丧与懊恼并不能改变输赢的事实。鲁迅曾经说过："优胜者固然可敬，但那虽然落后而仍非跑至终点不止的竞技者，和见了这样竞技者而肃然不笑的看客，乃正是中国将来的脊梁。"是啊！失利只是暂时的，倒不如洒脱一点，以更好的心态投入到下一次的竞争中，总会最终赢得属于自己的胜利。这样的人同样是可敬可佩的，同样值得给以掌声，他们甚至比那些胜利者更值得称颂。

赢要赢得坦荡、赢得公平、赢得光彩，绝不靠投机取巧、耍心机来赢得一时的荣誉；要用自己的智慧、努力去赢，赢得所有人发自内心地尊敬。

输，则要输得磊落、输得起。这是一种比“赢”更高的境界，也是一种高尚的品质。以豁达的心态面对失败，以大度的心态对待竞争者，以宽容的心态对待自己。这样的人，无论在什么时候都是值得人们报以热烈的掌声。

别想成为一个常胜将军

常言道：“胜不骄，败不馁。”没有人会一直是常胜将军，自然也就没有人会一直失败。

有时候，成功对于某些人来说不算太难，难的是成功之后这些人是否还能把握好自己的心态。不要将一时的成功当成是永久的胜利，成功过一次以后就开始自以为是起来，对待成功的态度也开始盲目，从此之后只看得到自己的长处，看不到自己的短处，心里也过分地夸大自己的能力。要知道，生活总是有太多不同的挑战，你能攻克这一关，未必就能攻克那一关。

当你春风得意之时，千万不要因此而沾沾自喜，世上没有绝对的事情，你一时的成功并不能代表日后都能事事如意。要记得收获自己成功果实的时候也要淡然面对自己的成功，不要把这一时的成功当成永远屹立不倒的丰碑！一时的成功并不能代表什么，人生的路还很长，如果你只陶醉和沉湎于这一次的成功，那么你很快就会在接下来的某件事中遭受失败。

我国著名乒乓球运动员邓亚萍从6岁开始学习乒乓球，先后获得世界冠军和亚洲冠军，既为自己赢得了荣誉，也为祖国争了光。虽然取得了如此令人瞩目的成绩，但是她在胜利面前依然时刻保持着清醒的头脑。邓亚萍每次获奖后，都把奖杯和奖牌交给爸爸保管，然后又开始自己紧张的训练。当被问到为什么要这样做时，她说："一切从零开始，永远从零开始。必须在技术、战术上不断创新，下一回让对手看见一个新的邓亚萍。"凭着顽强的毅力和奋勇拼搏的精神，邓亚萍练了一身过硬的本领，在世界乒坛所向披靡，取得了一次又一次的胜利。

然而，有些人面对胜利却产生了自满和骄傲的心理，被胜利冲昏了头脑，导致停滞不前，甚至失败。

明朝末年，李自成带领农民起义军经过17年艰苦奋战，攻进京城，推翻了明王朝的统治，建立了农民政权。但是，作为将领的他，此时却产生了自满的情绪，忙于封官行赏，追求享乐，忘记了本分。后来清军趁机入关，战局突变，李自城措手不及，仓促应战，却一再失利，使得这样一场轰轰烈烈的农民起义最终以失败收场。

世界上的每个人都会有自己或是被别人来肯定的成绩。面对这些肯定，切记不能听着别人的赞美之词就忘乎所以，因为要知道这些成绩只是用来肯定你的，而不是用来放大你的。你可以肯定自己今天所付出的努力没有白费，给自己一些鼓励，为迎接下一个挑战作准备，可以让自己在下一个挑战来临之时有更充分的准备和迎战能力来突破自己。但是，如果你用这些成绩来放大了你自己，那么你看到的自己将不再真实，只因在这一刻的成功带给你的虚荣里无限地膨胀，抱着自己这一时的成绩忘乎所以，你看不到今后可能还会遇到的困难和失败。我们没有能力给自己承诺以后的成功可以变得唾手可得，也不能将一次成功当成永恒。时间总是悄然流逝，不能真正地面对未来，只是心里藏着那一点点成功的浮华，是不可能为未来作好十足的准备的，那么，在以后的生活道路上，若遇到一些困难便再没有勇气去应对了。

那些满足于现状，因为自己的一次成功就开始骄傲的人，通常都会变得很无知，因为骄傲源于无知，眼前的这些成功带来的喜悦很容易蒙蔽他们的双眼。暂时的成功只是一块奠基石，只能当作我们日后更加努力的一份动力。

一旦过分肯定自己，觉得自己就是那么的出类拔萃，你便会觉得对谁都是高人一等，认为自己的学识总比他人渊博，别人很快就会发现你这个人身上的无知和浅薄，渐渐地会远离你，在背后讽刺你。

骄傲带给我们最大的坏处就是让我们变得更无知、更盲目，它无时无刻不在滋养着这两者的生长，渐渐地让我们看不清远方的路，认不清楚自己的方向，让我们常常自我满足，觉得自己已经站在了人生的顶峰之上，已经开始一览众山小了。其实这个时候我们大多都还在山间那些曲折的小路上徘徊。

我们要时刻记得将骄傲当作阻止我们前进的劲敌。

暂时的成功只是一时的跨越，是对你以前努力的肯定，如果一时的成功让你觉得以后肯定都一帆风顺，那就错了。我们要继续努力奋斗，成功从来都是眷顾那些永远有着憧憬、不断拼搏的人。

为了生存，学会放弃

我们一直都在为自己争取胜利，无论是学业、工作，还是家庭。终其一生，我们只是为了应对生活中不可预测的方方面面。

得到固然让我们获得成功的喜悦，但有些时候，我们也不得不选择放弃，人生就是一场取舍的较量，选对了就是赢家，选错了就可能失败。我们不可能什么都能得到，所以有另外一些我们抓不到的就只好选择放弃。

一个人倘若将一生所有得到的和拼搏的都背负在身的话，哪怕是钢筋铁骨之人，可能只走到了一半路程，就已经无力负荷了。

生活中，有些人一直都在竭尽所能地去获取，渴望去占有，这些人从没有想过要放弃，他们没有看到放弃的另一面也是一种新的希望，自然这些人也就无法理解“失之东隅，收之桑榆”阐述的真谛了。

放弃在时间的长河中已经渐渐演变成了一门艺术，是每个人的必修课。没有果断坚决的放弃，也就没有坚定的信念去选择。放弃是一种智慧的象征，是一种生活的觉醒。古人说过：“明者远见于未萌，智者避危于无形。”有所放弃才能有所追求，只有放弃身上背负的一些负担，才有更多的体力行走在拼搏的路上。当你放弃的时候，机会其实已经给你开了另一扇窗。

班彪是东汉时期非常著名的史学家和文学家，他生有两子一女。大儿子班固从小才华横溢，撰写过非常有名的《汉书》；小女儿班昭受父亲熏陶，也是历史上赫赫有名的才女。二儿子班超就生长在这样的文学世家，这似乎已经注定了自己将和哥哥妹妹一样，走上文学这条路。

在哥哥去世以后，班昭继承了班固未完成的事业，继续撰写《汉书》，但是班超却对文学提不起兴趣。班超从小就很羡慕前代的那些英雄人物，听着他们骁勇善战的故事，他内心十分向往，希望自己能成为一个建功立业的人，而不是每天抄抄写写。面对现在的生活，他自然是度日如年，感到非常的枯燥乏味。

于是，班超果断地放弃了文学事业，参加了攻打匈奴的军队，在军中当了一个小官，尽管如此，班超还是很兴奋，这是他踏上军旅的第一步。初到军营之中，班超便如鱼得水一般显示出自己出众的才略。他率兵攻打敌军，初次领军就斩俘很多。当时的将军看到了，很赏识他的军事才干，觉得他是不可多得的军中人才，于是就派他和从事郭恂一起去出使西域。班超此后凭借着自己过人的胆识和出色的谋略，带领着三十六个人纵横西域，在一定程度上牵制住了常犯边境的匈奴，成为了历史上名声显赫的军事家和外交家。

我们一方面要为自己的生活打拼，要顾及很多方面；另一方面又在为了自己的生存放弃很多方面。这看似是一件很矛盾的事情，其实仔细琢磨，却不得不如此。我们没有那么多的精力面面俱到，所以我们只能在人生的路途上拾起一些东西的时候也要丢下一些，这样我们肩上的行囊才能放得下，也才能背负得了。

就如同蜡烛燃烧了自己的身体才能带来光明，或者人们要想有宁静安逸的生活就要放弃城市的繁华。放弃并不意味着失去，它只是以另一种方式在其他方面补给了你，就像歌德说的："生命的全部奥秘就在于为了生存而放弃生存。"

聪明难，糊涂更难

"认真"和"较真"都表示一种状态，都表示对"真"的追求。但两者有很大的差别，认真是追求真理，不含糊；较真则是指人们对一些细枝末节的事过于执着，认死理，不懂变通。

玩世不恭、游戏人生的态度自然是万万不可取的。但也不能太一根筋，太认死理，这样只能让自己走进死胡同。有道是"水至清则无鱼，人至察则无徒"，生活本就是不完美的，太过较真，眼里容不得一点沙子，就会有太多看不惯的事。

人无完人，如果总是苛求别人，放大别人的缺点，容不下别人，肯定没有人愿意和你交朋友。一个人过于较真，就会把自己同社会隔离开来。

生活中看似平坦的东西未必平坦。我们常用“平滑如镜”来形容某个东西表面平坦，但是，如果把看似平滑的镜子放在高倍放大镜下，你也会发现它们的表面并不像我们用肉眼看到的那样光滑，而是布满了凹凸不平的“山峦”。

看似干净的东西，在显微镜下观看，就会发现很多细菌。如果我们总是戴着“放大镜”“显微镜”去看周围的人和事，必然会觉得处处不平，到处是缺点。

家庭矛盾最常见就是婆媳问题，婆媳双方的矛盾很多时候就是由于其中一方或双方太较真导致的。在一件事情上，两代人各有各的看法，公说公有理，婆说婆有理，硬要争执下去，最终只会落得伤和气。

章琳婚后和婆婆生活在一起，难免会有一些摩擦。开始时，年轻的章琳遇事总是爱较真，经常为了一些琐事和婆婆闹翻。举个例子来说，章琳喜欢把饭做熟了再放盐，婆婆就会过来说：“这样的菜不能吃。”章琳就会辩驳道：“专家说这种做法对人体有好处。”婆婆马上一脸不悦地说道：“一家人吃了几十年我做的饭，也没看出什么不好的地方？”章琳二话不说，跑到屋里找相关资料给婆婆看，虽然婆婆看了后不得不承认这是科学，但是因为面子，她几天都没有好好理过章琳。

这样的情况越来越多，婆媳关系也闹得很僵，甚至好几天双方都不会说上一句话。章琳的妈妈过来小住了几天，看到这种情况，狠狠地说了章琳一顿，骂她死脑筋：“没必要和自己家人这么较真，这世上哪有完美无缺的人啊？你看，婆婆帮你们操持家务，你怎么不理解下长辈的辛苦，就在这些没有用的地方上挑刺！”章琳挨了骂后，觉得妈妈说的也对，婆婆在家里包办了大部分家务，给工作忙碌的小两口大大减轻了负担，自己怎么就不能多看看婆婆的好，选择性地忽略那些小分歧呢？从那以后，章琳再也不在小事上与婆婆争执了，她发现原本那些看不惯的小事忍下不说，也没有对他们的生活造成多大的影响，反而使得家里的气氛变得更加融洽。

一年后，章琳生了小孩，小孩得到了婆婆的热心照顾，婆婆还是经常会说哪些是该做的，哪些是不该做的。婆婆说的都是过去用过的照顾小孩的经验，虽然在章琳看来有些做法按照现代标准来说确实是不科学的，但是她明白不能反驳婆婆的好意。她深刻地明白，婆婆的那些唠叨是对他们的关心和照顾，即使有些话是不正确的，但是老人家的出发点是好的，都是为了孩子好。只要在大方向上达成了共识，何必为了芝麻小事伤了和气呢？

生活中，人与人之间的互相理解是十分重要的。每个人在做事时都难免有这样那样的不足。古语说的好：人非圣贤，孰能无过。因此，我们不必凡事都斤斤计较，否则只会让自己徒增烦恼。

郑板桥是“扬州八怪”之一，常以“难得糊涂”自勉。他有句话说的好：“聪明难，糊涂更难。”古往今来，能容忍的人，往往都能成就一番大事业。欲成大事者不拘小节，不要凡事都斤斤计较，只有放眼于未来，才能让自己超脱平凡，终成大业。

实际上，能做到胸怀宽广的人毕竟是少数，正因为如此，世人才会有那么多烦恼。每个人都会有犯错的时候，当你放开了胸怀让自己不去在意别人那些小毛病的时候，你就会发现其实那些毛病都不是问题。

与陌生人较真是浪费精力，与自己的亲朋好友较真更是一种伤害，与水平不如自己的人较真就等于把自己降得跟对方一样低。最愚蠢的莫过于和自己较真，在这个世界上，如果你自己都不爱自己，不能包容自己，还能指望谁来包容你、爱你呢？

学会不较真，并不代表自己傻。遇事多往好的地方想想，站在别人的角度上去思考一下，体谅别人的难处，多些宽容与和谐，你才能向更多的快乐和幸福靠拢。

痛苦总喜欢和幸福唱反调

人的一生或多或少都会经历一些坎坷和不幸，任谁都躲不过。其实，痛苦和快乐如同跳跃的音符一般，只有互相交织才能谱写出人生的乐章，而单一的痛苦和快乐都不足以构成完整的人生。或许生活里面的经济困难、家庭矛盾、亲友反目、邻里结怨、生老病死等，都会让你感到痛苦不堪，但是这痛苦也如同你生活中的调味剂，让你能够尝到人生中的酸甜苦辣，从而更能够珍惜快乐，体会到幸福的宝贵价值。幸福和痛苦是相互排斥的，满心痛苦的人是没有位置容纳幸福的。只有忘记痛苦，才能给幸福腾出更多的空间，容纳更多的幸福。心宽者的明智之举就在于懂得忘记。

忘记发生既定事实带给我们的伤害，这样才会让我们的心灵重新回归宁静。

背着沉重行囊的苦恼年轻人踏上了寻找幸福的旅程，经历无数艰险的他，来到了一条波涛汹涌的大河前。河面上并无桥梁，只有一位骨瘦嶙峋的老者驾着一叶小舟在河中飘荡。当老者问及年轻人的去处时，年轻人说他要去寻找幸福。

“是吧，那你把这个破包裹丢到河里，然后再去寻找。”

“这可不能，行囊里有陪我一路走来的孤独、寂寞、伤心，我怎么能舍他们而去呢。”

于是，老人央求年轻人把自己也装进他的行囊里。

“啊！”年轻人惊讶得不相信自己的耳朵。

“你什么都放不下，我助你过河，你还不如也把我带上。”

听到这里，年轻人才恍然大悟，于是他丢下沉重的行囊，这才感到前所未有的轻松。其实，这才是他要找的幸福。

人们在生活中常常可以轻而易举地放下自己曾经取得的成绩和荣耀，但要忘记曾经的痛楚却是不容易的。唐山大地震中的一些幸存者，就对黑暗和饥饿感到恐惧，只有让他们在光亮之下吃饱，才能减轻他们心中的压抑。记得文人达克顿曾说过：“除了双目失明，我可以忍受任何痛苦。”结果，在他花甲之年双目真的失明后，他才发现原来这种痛苦自己也是可以承受的。他的双目虽然失明了，但是他凭借着美丽的心灵也可以生活得很好。

我们任何一个来到世界上的生命都是很脆弱的。因此，在历经无数的苦难之后，我们可能会身心俱疲、万念俱灰。但和漫长的生命相比较，过去总是轻微的。所以，当我们经历过大苦大难后，不要沉湎其中，而要让它随风而去，让未来充满快乐。一位智者曾经说过：“如果你的前世是冤屈的鬼魂，那么在经历过痛苦之后，唯一值得守候的便是复活节的到来。”记得：只有忘记苦难，美好才会到来。

“黄河之水天上来，奔流到海不复还”，过去的已经成为历史，最重要的是珍惜眼前。毕竟时光不能重新开始，不可能从头再来。也许我们暂时失去幸福，但是暂时的失去是为了将来获得更多的幸福。切勿总是沉浸在痛苦中无法自拔，怨天尤人和自我折磨都于事无补，毫无意义。只要我们乐观向前，吸取经验，不再为打翻的牛奶无休止地哭泣，那么，总有“得到”的一天。

一个人要想将潜能发挥，取得成功，就要忘记过去的痛楚，重新开始新的生活。莎士比亚说："聪明人永远不会坐在那里为他们的损失而哀叹，而是用情感去寻找办法来弥补他们的损失。"

痛苦总与幸福唱反调，如果内心充满痛苦，就没有了接受幸福的空间。学会忘记，是心宽者明智的选择；学会忘记，才有更多的空间容纳幸福。

你并不是世界上最不幸的人

马克是个拥有百万资产的富翁，但这是几个月以前，因为现在他破产了，变得一无所有。

心灰意冷的马克漫无目的地游荡在街头，想着昨天自己还是这个城市数一数二的富翁，拥有敞亮的办公室，众多的员工和漂亮的别墅，而现在自己和一个乞丐没有两样，这个城市也变得如此陌生。

此时的他抬头看到了一家高档的酒店，那里是他经常去的地方，而现在……马克心里难过异常。

"天哪！为什么要这么对待我？"马克嘶声竭力的抱怨到："我的生活从此变成了地狱，我变成了乞丐，没有人再理会我了！"

这个时候，马克看到了一个人，那是一个没有双腿的人，但是他用他两条手臂支撑着在"走路"。他走的很缓慢，也很吃力，但是他还是一步一步地从马克身边"走着"。那一刻，马克感到一种无比的震撼。

"他失去了双脚，但是还在用双手来支撑着身体，面对着他的人生。而我，不过是失去了一些金钱而已……"马克喃喃地说。

他忽然发现，自己远远不是最不幸的人。和某些人相比，自己竟然是非常幸运的，非常值得羡慕的！有什么理由不珍惜自己现在所拥有的呢？于是，他重新振作了起来……

许多人遭遇不幸时，就以为自己是最不幸的。在你喋喋不休的抱怨自己命运不佳，没有出生在一个好的家庭的时候；在你感叹自己命不如人，没有升官发财的时候；在你看到别人的好车好房而艳羡不已的时候；在你感叹时运不济，自己失去了很多东西的时候，请仔细看吧，在你的身边还有很多不如你的人，他们的境况比你还要糟糕。虽然你不是最好的，但是肯定也不是最差的。

请看这样一篇文章：

朋友，当你睁开眼睛去迎接一天的生活的时候，你应该感到庆幸，因为你还能够自由呼吸。要知道，每星期离开人世的人不下百万，你是多么有福。

全世界大约有五亿人都经历过战争的痛苦、被囚禁的孤独、饥饿的折磨、被虐待的痛苦，若这些你都没有经历过，那么你比这五亿人都有福了。

若你今天走进了教堂或者寺庙，或者参与了任何一个宗教活动，你许下了自己的心愿而收获了快乐，你没有被拘捕、受刑罚、甚至死亡，那么你比30亿人都幸运了。

据联合国的“世界粮食日”的有效数据统计，地球上36个国家目前深陷于粮食危机；八亿的人都在饿肚子。尤其是发展中国家，大约两成以上的人都没办法获得足够的粮食，而生长在非洲大陆的孩子，由于粮食短缺，他们之中三分之一的人都处于长期营养不足的状态。最心痛的数字是，全球每年都会有六百多万的学前儿童因食物短缺而夭折！

看到这里，你是否感到心痛，同时也明白了自己是多么的幸运！

是的，若是你的银行还有存款，钱包里面还有金钱的话，那么恭喜你，你是世界上百分之八的富有的幸运儿里的一员。

倘若你的父母亲都在世，且没有离婚或者分居，那么你属于异常幸运的稀少一族。

若是你还能够每天充满感恩，时时把微笑挂在脸上，那么你真是有福了。因为人人都可以这样做，但是绝大多数人并没有这样做。

若你在一个人受伤或者失意时轻握他的手或者微笑着拥抱他，哪怕只是简单地拍拍他的肩膀，祝贺他，你所做的已经等同于上帝才能够做的治疗了。

若你读到了这段文字，那么没有人比你更有福了，因为全世界20亿的人都不能够阅读到。

看到这里，是否你已经发现，你就是幸运一族中的一员。

古人笔记小说中有一首《行路歌》：“别人骑马我骑驴，仔细思量总不如，回头再一看，还有挑脚夫。”语言虽俚浅，却足以醒世。

人生有许多东西是无法选择的，比如出身，比如与生俱来的疾病，等等，但我们可以选择以怎样的方式和心态生活。要时刻告诉自己：我们是幸运的，还有更多不幸的人或事。就像一位哲人所说：“年轻人，记住我一句话吧：这个世界上，除了死亡，没有什么是大事。只要你活着，就是幸运的。好好地过好每一天吧，只有你自己才是自己最好的医生，别的人对你都无能为力。”

世界上比你不幸的人还有很多，所以你不是最不幸的。你没有任何理由让自己天天背负着自己的不幸而生活。要知道：丢弃沉重的包袱，用更好的心态去迎接每一天才是最重要的。

假如想不开，就好好想想吧。人生在世平均70年，你还有多少年呢？自己背着书包上学，好像是昨天的事情，可眼下儿子就要上初中了。几十年以后，便会尘归尘土归土，还有多少年可以让我们在体会这人生的精彩呢？

因此，我们活着，就要尽好责任，享受好生活。至于以后有没有厄运，那是上天的安排。只要我们尽力去生活了，无论结果如何，都不要抱怨，而要努力保持心态的平和，保持一种达观的生活态度。

路在脚下，事在人为

世事无常，你怀揣着好的想法看待世界，世界就是好的；反之，你用坏的眼光去看待，世界就是坏的。只要心存希望就没有绝境，任何事情都不值得你沮丧。

有个美国的年轻人，大学刚毕业，就要到海军陆战队去服兵役。

他感到没有前途了，好像末日降临一样。祖父见到孙子忧心忡忡的样子，就开导他说：“没什么好怕的，孩子。去了那里，你会有两个机会，分配到内勤部门或是外勤部门。如果你被派到了内勤部，就更没必要害怕了。”

“如果我被派到外勤部呢？”年轻人这样问道。

“你还是会有两个选择，一是被派往外国的驻军基地，二是留在美国。如果留在了本土，你还有什么好担心的？”

“那万一我被派往国外呢？”

“你还是有两个机会，一是去维和地区，二是去和平地区。如果你被派到非维和区也是件好事啊。”

“要是我真的被派到维和地区，怎么办？”

“那还是有两种可能，安全归来或是不幸负伤。你要是安全归来的话，还担心什么啊！”

“万一我不幸负伤了呢？”

“能保全性命就是很幸运的事情了，总比医治无效好吧。”

“那真要是碰到医治无效的情况呢？”

“这样死，是为了国家荣誉而战死，那你就是英雄啊。你当然会选择去战死。人早晚会死，能死得轰轰烈烈，人生也没有什么遗憾可言了！”

看，人生永远都有两个机会！

漫漫人生路，有崎岖不平的路，也自然有坦途大道；有鲜花丛生，也会有荆棘密布。无论什么事情都会有向两个方向发展的可能，自然也就会出现两种结果，即便是再差的结果，其中也蕴含着希望，就像好事来临的同时也可能伴随着灾祸的发生。祸福相倚，用中国古老的哲学来解释，就是世事无常。

人生不会一路坦途，但是个人价值的体现绝不会是你的生活多么的平庸，而是你坚强勇敢地挑战过难关之后，随之迎接来的精彩。跌倒并不可怕，可怕的是跌倒之后就再也没有勇气站起来。

“生活本来就是不公平的，不管你的境遇如何，你所能做的，只有全力以赴。”这是霍金曾经说过的一句话。生活让你哭泣，但是你要拿出勇气去直面人生。“不管风吹雨打，胜似闲庭信步。”要保持心态平衡，勇往直前。

所谓绝境，在很多情况下，并不代表生存的绝境，而是精神上陷入绝境，只要精神不死，一切都不能将你击垮。

美国第37任总统威尔逊说：“我们因有梦想而伟大，所有的伟人都是梦想家。有些人让自己的伟大梦想枯萎而凋谢，但也有人灌溉梦想，保护它们，在颠沛困顿的日子里细心培育它，直到有一天得见天日。”意志坚强的人，总是能够顽强地守住自己的梦想，用希望点燃潜能，在绝境中创造奇迹。

米歇尔在一次意外事故中身上65%以上的皮肤都被烧坏了，他为此动了16次手术。手术后，他无法像一个正常人一样拿叉子，上厕所。但是曾经是海军陆战队员的米歇尔并不认为自己的人生完蛋了，他说："我完全可以掌握我自己的人生之船，我可以选择把目前的状况看成倒退或是一个起点。"

让人意想不到的是，六个月之后，一度丧失生活自理能力的米歇尔竟然又能重新操作飞机了。

米歇尔买了一架飞机和一家酒吧，购置了房产，后来他还和两个朋友合伙开了一家公司，这家公司后来成为佛蒙特州第二大私人公司。

四年后，就在米歇尔意气风发的时候，又一次意外发生了。他驾驶的飞机起飞出现故障，摔回了跑道上，而他的十二节椎骨也被压得粉碎，下半身永远瘫痪了。

米歇尔开始抱怨上天："为什么这样倒霉的事情总是发生在我身上，究竟我做错了什么，能够遭受如此的对待？"但他还是选择了不放弃，尽力让自己独立。不久，他被选为科罗拉多州孤峰镇的镇长，后来又去竞选国会议员。

尽管这一切的不幸让米歇尔倍受煎熬，但他还是像正常人一样结婚生子，还顺利完成了硕士学业，并一直坚持着他热爱的飞行事业和公共演说。

米歇尔曾这样说过："遭遇不幸后的我只能做9000件事，但是我会集中精力把这9000件事情做好。虽然我人生中遭遇了两次重大的挫折，但是我并不选择放弃，因为放弃了便更加毫无机会。挫折不是放弃努力的借口，你们可以从另一个角度来看你们停滞不前的经历。你可以选择向我一样，想开一点，然后对自己机会说：'或许这没什么大不了。'"

真正的强者是什么样的？真正的强者就是类似于米歇尔这样的，怀着希望和自信、昂首迎接生活挑战的人。任何人都具备迈向成功的条件，哪怕你是残缺的！悲观者过早地放弃了希望，才使得生命沾满颓废的尘埃。一个人只要不灰心，不放弃，就没有任何难事能够击倒他。相反，遇到困难就灰心丧气，止步不前，反而会让你更加处处碰壁。

所以，不管你失去了什么，请把希望牢牢抓住。无论别人比我们多获得再多，只要希望在，我们就一定会能在别的方面赢取更多。人生无论顺利与否，都要从容面对。面对得失，一定要保持一颗顺其自然的心。路在脚下，事在人为。

谁是坐骑，谁是骑师

每个人出身不同，成长环境不同，生活际遇便会有很大的差别。但一个人的起点不能决定他的终点，环境、资源、机遇等外界因素不是决定一个人命运的关键。佛说，物随心转，境由心造，烦恼皆由心生。也就是说，心态决定命运，一个人有什么样的精神状态就会得到什么样的人生际遇。

具有乐观的精神和积极思考的人，最终将获得人生的成功。与之相反，失败者的人生总是受过去的种种失败与疑虑所牵绊。成功学大师拿破仑·希尔曾经说过这一句话：“人与人之间只有很小的差异，这种很小的差异就是你所具备的心态是积极的还是消极的，巨大的差异就是成功和失败的差异。”

心态的力量可以将人带向巅峰，也可能使人跌下深渊。人的一生做出的各种选择都取决于自己的心态，心态对于人的事业、生活乃至生命都有重大的影响。

有四个人同行，其中有一个失明的人，一个失聪的人，另外两个则是健全的人。

他们来到了一个地势险要的峡谷旁，涧底奔腾着湍急的水流。这是他们继续前行的唯一道路，他们必须穿越这条河流，但是河上并没有坚实的桥梁，只有几根光秃秃的铁索横亘在峡谷之间。

四个人在思索一番之后，决定过河。他们一个挨着一个紧紧地抓住绳索，凌空前行。起初，大家都在担心瞎子，结果失明者和失聪者都顺利地渡过了河面，而两个正常人中有一个跌下了峡谷，丢失了性命。

当三个人到达目的地并将这件事情告诉别人时，大家都觉得奇怪。为什么两个身患残疾的人能平安渡过河面，而耳聪目明的人却丧了命呢？难道说，他的行动力还比不上盲人和聋子吗？

于是，感到惊奇的人们便开始询问他们过河时的心理和情形。

失明的人说："他们都说那里山高水深，又没有桥，十分危险，可是我看不见，也想象不出真实的情形，所以就按着从前过小桥一样的方法稳稳地抓住绳索向前走，一会儿就到达对面了。"

失聪的人说："当时的地势确实很险要，但是我只看得到下面河水的翻腾，却听不到一点咆哮的声音，所以并不觉得它有多可怕，也就平安地过了桥。"

那个生存下来的健全人说："我当时想的是，虽然地势险要、水流湍急，但是我的目的是要到峡谷的对面去，那我就专心过我的桥，只注意每一步都踏实落稳，其他的都和我没有关系。"

这时，人们才明白，那个丧命的不幸者真是吃了耳聪目明却心态不佳的亏。

我们的人生就像是攀附铁索过河，之所以不能顺利过桥，不是因为没力量，也不是因为智商的低下，而是被周围的环境和他人的声音所影响，先把自己的心跌入了恐惧的谷底中。那么，成功和幸福自然也就变成了一种奢望。

美国成功学大师拿破仑·希尔将积极的心态列为人生十二大财富之首。他认为人的心态有一种特殊的“吸引力”，能将一切快乐、豁达、恐惧、绝望转化成的物质财富或厄运带到我们的身边。

所以我们的知识、教养、社会地位并非我们追求快乐和美好生活的决定性因素，只有心态的好坏才是决定一切的前提。只有拥有积极向上的心态，才能拥有美好的生活。

维特是一个非常悲观的人，他对生活中任何一件事情都感到担忧。所以，他的表情一直是愁眉不展，整日忧愁。他每天总有担心不完的事情，例如：自己身体偏瘦，是不是得了某种疾病；自己梳头的时候掉了几根头发，是不是有一天会变得秃顶；自己的工作薪酬不高，这样下去便不能有足够的经济开销供结婚之用；若是未来孩子出生了，自己根本够不上一个优秀父亲的标准……一切的一切在他看来都是糟糕的，甚至他把自己也看得一无是处。

于是，在重压之下，维特选择了辞职。但是，离职却让他的状况变得更加糟糕了。他开始害怕生活，没有安全感，甚至开始自闭起来。他刻意去躲避每一个人，包括自己的家人。他变得越来越敏感，越来越紧张，内心充满了极度的恐惧，有时候一点声音就会吓得他跳起来，甚至他还经常躲在角落里哭泣。他逐渐有了被生活遗弃的感觉，甚至想到了结束自己的生命。

他把自己关在屋子里一段时间之后，理智终于让他做出了一个决定——他要到阿拉斯加州去旅行。他希望借着环境的改变而改变自己。

他离开的那天，父亲去车站送行。即将开车的前一刻，父亲掏出了一封信递到了他手上，并且叮嘱他一定要到了目的地以后再把信拆开。

维持到达阿拉斯加州之后，正好赶上了那里的旅游高峰期，宾馆都没房间了，最终，他只好去住汽车旅馆了。之后的几天，维特谋得了一份职业。但是新的工作和环境并没有减轻他的压力。于是，他再一次选择了辞职，无聊的他每天的生活除了在公园躺椅上看报，此外就是享受阳光。但是这些并没有给他带来快乐，反而令让他感到更加的孤独。

就在维特感到茫然的时候，他想起了父亲写给他的那封信。他将它翻了出来，想看看父亲说了些什么。

信中，父亲写道：

亲爱的孩子，想必你现在已到了2000英里之外的地方，但是我想大概你的生活也并没有得到很多的改善。因为在你离家的时候我看到，你把你难过痛苦的根源一起带走了，并没有把它们扔掉，那就是你的内心，也就是你的心态。其实，一直以来你的处境都不像你相像得那么糟糕，真正可怕的是源于你内心的相像。你的内心越是恐惧担心，便越容易发生不好的事情，所以你才会处处感到痛苦。如果你想通了我说的话，那么回来吧！因为你的痛苦可以消除，你应该用美好的心态重新让自己过上新的生活。”

维特读完并不感动，反而十分恼火。因为他感觉父亲在教训自己，此刻自己的状态不应该博得所有人的同情吗？而父亲却毫无怜悯。他一气之下撕碎了信并决定再也不回家。

没有经济来源的维特很快便花光了身上的积蓄。无处可去的他漫无目的地在马路上走着。这时候，他看到一个教堂，里面神父正在讲道。维特走了进去。

在那场讲道中，维特听到了神父所讲的“能征服内心，强过攻占城池”的道理，基本和父亲信里写的大同小异。于是，在听完讲道之后，维特开始静下心来好好地思考自己的过去和人生，这是他第一次冷静理智地思考问题。于是，一段时间过后，他终于想明白了，他曾经以为这个世界上一切都应该改变，也期望改变所有人，但是从来都没有想过，真正需要改变的是他自己。

第二天清晨，维特便踏上了回家的路程。他重新规划了自己的人生，并且重整心态，回到了自己原来的公司。在他勤奋努力了半年之后，他又勇敢地迈开了婚姻的第一步，与自己爱的女孩组建了一个幸福的家庭。

维特终于感受到了生活的美好，也找到了自己人生的价值。之后，维特一直告诉自己：调整好自己的心态，一切都会美好的。

其实，我们要获得快乐，并不在于我们是什么人、拥有多少财富或者身在何处，关键是看我们心态如何。就像拿破仑·希尔所说的："你的心态就是你真正的主人，要么你去驾驭生命，要么是生命驾驭你，你的心态决定谁是坐骑，谁是骑师。"随时把自己的心态调成最佳的状态，保持积极的生活态度，成功就会在不远的前方等待着你。

第十二章
暗示治疗术：心灵是最好的医师

慢慢人生路，有走不完的崎岖坎坷，也有看不完的良辰美景。哀莫大于心死，如果我们没有了思想，没有了欣赏的目光，再美的星光你也不会发现。当你用消极的心去看待世界，生活给你的答案就是哀伤；如果你用积极乐观的心态去面对生活，你就会发现许多意外的惊喜。暗示治疗术让我们明白，最好的医师就是自己的心灵。

你愿做一杯水，还是一片湖

人要耐得住寂寞，经得起风雨。面对充满变数而又无法控制的人生，要想得开。只有想得开，你才能度过人生中的黑暗期，迎来希望的阳光，才能让生命获得无限的精彩。

我国著名的国学大师季羡林曾经遭遇过人生的黑暗期，也曾经想到结束自己的生命，然而，到后来，他因为“想得开”才真正体悟到生命的精彩和活着的意义。

季老在中年的时候曾面对沉重的生活压力，一时想不开，为自己制订了自杀的计划。他在衣袋里装满了安眠药，把仅有的一点钱交给了妻子和婶母，希望她们能够继续活下去。当他将一切都准备妥当准备出门时，红卫兵闯了进来，押解他出去批斗。这却救了他一命，使他与死亡擦肩而过，从此再也没有想到过自杀。他说："我知道死前的感觉如何，我觉得没有什么了不起。因此，从那以后，我认为，死并不可怕，而我能活到今天，多活的这几十年都是白捡的，多活一天，就是白捡一天。"这次经历对他来说是因祸得福，他因此想通了许多事情，人生中还有许多事情等着他去做。这个时期，也正是他一生写作、翻译的高峰期。

直到后来，季老的名誉和地位得以恢复后，他身兼数职，待遇也逐渐得到好转，对于以前经历的痛苦，他都不过分在意，而是将心思更多地放在了研究学问上。他说自己以前因为内心充满痛苦，所以浪费了太多时间，剩下的日子里，要更加努力地工作才行。对于那些曾经欺辱和折磨过自己的人，他也并没有去打击和报复。他说："如果我真想报复的话，我会有一千种手段，得心应手，不费吹灰之力。可是我没有这样做。"

"我有爱、有恨、会妒忌、想报复，我的宽容心肠不比任何人高。可是，一动报复之念，我立即想到……打人者和被打者，同是被害者，只是所处的地位不同而已。就由于这些想法，我才没有进行报复。"他在这件事上想得透彻，也想得开，不在已经过去的事情上过多纠缠，他放下仇恨，给对方以宽容和理解，同时也使自己尽快地走出了阴影，真正做到了"一笑泯恩仇"。

季老95岁时在接受记者采访时，面对记者的询问，他道出了人生的真谛："人活着最重要的是想得开，内心要和谐。"

季羡林先生的故事告诉我们，人生中经常会遇到很多不如意的事情，这时，我们要有一颗分辨心——要了解自己为什么会感到生活不如意，是因为期望值太高，对生活不满足；还是应对生活的能力过差，面对生活中的突发事件力不从心。对于这些，要积极地调整心态，为自己在人生的每一个阶段设定小目标，在逐步实现小目标的过程中体会到人生的乐趣。那些眼高手低、好高骛远的态度都是不可取的。如果缺乏应对生活的能力，那么就要正视自身的缺点和不足，积极寻找提升能力的办法，切忌因为一时想不开而走极端。要看到，任何事情都有其两面性，在看到消极面的同时，也要寻求其积极的一面。真正想得开，就是既要为自己着想，也要站在别人的立场上为别人着想。多进行换位思考，而不是一味地悲戚自身的遭遇。

人生一世，升沉不过一秋风。升是指人生处在上升期，这个时候感到春风得意、意气风发是再自然不过的，只要你掌握好度，适当地表达这些情绪，能够从中体会到自我价值的实现，得到一定的心理满足感；沉则是指人生处在低谷期，这时如果长时间深陷在情绪低迷、自我否定之中，则不仅不利于走出阴郁，更加不利于今后的发展。想不开就走不出来，就不能够自我调节以达到情绪的平衡，保证自身情绪的稳定性，又如何去做好其他事情呢?

人生中总会有痛苦和不如意的时候，关键在于你是愿做一杯水，还是一片湖。心灵的承载力有多大，世界就有多大。佛家常常告诫人们要学会“放下”，也就是要放下是非心、执着心和得失心。如果放不下，就会背上沉重的思想包袱，陷入是非、执着和名利得失之中而无法超脱。人心总那么大，陷入其中就无法去关注其他，人生也就被束缚在对外物的患得患失之中。

放下就意味着心灵的超脱和自我救赎。佛说：“放下，即拥有。”放下得越多，心灵的空间就会越大，敞开心胸，我们会发现天地更广阔。要知道，眼前的执着只是未曾消散的迷雾，什么时候放下，什么时候就能看到云开雾散。

你想“重于泰山”还是“轻于鸿毛”

生命，是一个沉重的话题，永远也不可能轻松地被人们谈起。在生命这个偌大的领域里，我们的知识面太窄，自以为是地去谈及这些深沉的问题往往只会让自己相形见绌。

生命是我们一切价值观的前提，只有生命的价值得到最高的升华，才能提高其他方面的价值。如果一个人连自己的生命都亵渎，都不尊重，那他对其他所有的一切都不会看在眼里。

每个人都没有伤害自己的权利，当你有这种想法的时候，想想你的亲人，想想养育你的已经渐渐年迈的父母。伤害的方法有很多种，在这个物欲横流的社会，压力过大之后的人们，开始寻求一种精神的解脱，太多形形色色的诱惑在等着你，为首的就是毒品，还有赌博。

正所谓玩物丧志，有些人为了自己一时快活，贪图一时享乐，这是对生活最大的不敬。而这之后，生命将会给他最残酷的惩罚。大自然赋予每个人的欲望是公平的，且是无罪的，我们也有权力去让自己过得更好，但是不能一味地贪图享乐，要理性地听听生命真正需要的是什么。现在这个时代，有太多人都是被生命里的欲望牵着鼻子走，所有的一切都用来满足欲望的需求。当生命全部用来满足欲望的时候，从另一方面来说，也就是在糟蹋生命。

“人固有一死，或重于泰山，或轻于鸿毛。”每个人都有选择自己对待生命的不同方式，有人在人生的最后一刻留给世界以自己最美丽的背影，留给自己一个最完美的句号。而那些不尊重自己生命的人，那些亵渎自己生命的人，死后不会有人怀念他，也许只在茶余饭后轻轻感叹一句，曾经有谁谁谁带着莫大的无知离开了世界。

那些轻视生命的人，不配得到任何人的关爱。因为当他亵渎生命的时候，已经忘了自己身上曾背负着的不可推卸的责任，这责任可能是一个儿子或女儿对父母赡养的责任，也可能是一位母亲或父亲对家庭、对孩子的责任。他忘记了母亲十月怀胎的辛苦，忘记了数十年如一日的关爱，忘记了当初执子之手、与子偕老的海誓山盟。所有一切都因为伤害自己戛然而止。

想想这些你至亲的人，该是多大的痛苦。

在一家医院，有一个身患重病的女孩，她还很年轻，但是孱弱的身体一次次将她拖入绝望的边缘，她孤独地看着窗外那些凋零的树木，想着自己就如同这些失去生命的落叶，只有没有选择地死亡，化为尘土。她每天都这样想，病情越来越严重。

有一天，病房住进来一位老人。他看着女孩整日愁容满面，就问她：“你还这么年轻，为什么就这样轻易地放弃生命呢？”小女孩看着窗外的落叶说：“那些落叶还是要死去的，谁都阻止不了。”老人摇摇头不再说话。小女孩每天都会看窗外的叶子，当树上的叶子越来越少时，小女孩的身体也越来越弱。那天夜里下了一场大雨，小女孩彻底绝望了，树上的叶子所剩无几，已经经不起这狂风暴雨了。

可是令她惊讶的一幕出现了，她居然看到树枝上竟然长了好几片绿油油的新叶子，那么生机勃勃，小女孩忽然感叹生命的神奇。这时，女孩身边的老人开口说道：“虽然每个生命最后都会走到终结，但是这个过程是漫长的，我们可以好好享受生命带给我们一切的美好。生命不容亵渎，那是一件严肃的事情，尊重生命也是在尊重自己，只有尊重生命善待自己了，你的生活才会出现另一番光景。”

女孩这时忽然大彻大悟。她不知道那些绿叶子是老人求人用细细的线绑在树上的，其实这些已经不重要了，因为女孩从那天起就开始积极配合治疗，后来终于健康出院。

生命是上天赋予你的最珍贵的礼物，倘若失去了生命，一切理想都是空谈，一切事物都是虚有，一切终究不复存在。所以，一定要尊重生命，千万不要轻易的去亵渎它，这样才可实现自己的最大价值！

对生命负责才是一切人生责任的根本。想想看，每个人只有一次人生，如果你死了，那所有的一切，所有你曾努力过的一切都将不复存在，因为没有其他任何人能代替你活在这个世上，只有对生命负责的人才能称之为是一个有责任心的人，对生命有责任心才是世界上的一切责任心的根本。一个连自己的生命都不负责任的人，整天浑浑噩噩混日子，那么还期望他对什么人抑或什么事情负责任呢！随便对待自己生命的人，无疑是在浪费自己的青春和生命，这样的人怎么可能认真对待其他的人或事呢？换句话说，一个对待任何人或者事物都有责任心的人，那么他对生活也必定是充满了热情，也必然是认真对待自己的生命的人。因为他对自己生命有着强烈的责任心，所以在做任何事情或者对待任何人的时候都必然会严谨认真，非常清楚地了解哪些事情该做，哪些事情不该做，所以对于那些对自己生活产生负面影响的事情，他便会断然拒绝，而自己该承担的事情也必然会尽力去承担。要记住：对自己生命最大值的尊重便是对自己的人生负责！

人生路上，一段荆棘，一段芳香

我们经常会遇到各种各样的困难，不管是在工作中还是在生活中。但是，当我们一个人无法克服这些困难时，就希望别人能够出手相救，救自己于危难之中，从而让自己获得解脱。其实，我们每遇到困难时就向他人求救是不可取的，因为每个人的命运自始至终都是掌控在自己的手中的，只有你自己才能救自己，别人的帮助只是一时的，不能长期依赖。

汉斯苦心经营的工厂倒闭了，他的事业也随之面临崩塌。他非常沮丧和伤心，一个人在街上百无聊赖地走着，十分的迷茫，找不到自己人生的方向。

他不甘心，于是便去找亲朋好友筹措资金，想要让自己再次拼搏，以图东山再起。可是，无论他怎么努力，亲友们始终都不肯施以援手。绝望的汉斯无奈地走进了酒吧，把自己灌得大醉了一场。没想到人们开始排斥和嫌弃他，他几乎成了所有人眼中一个不折不扣的失败者。汉斯也消极地认为自己的人生就这么完了，他不再寻找帮助，不再努力。

有一天，汉斯在街上听到别人说，也许有一位智者能够帮助他。于是不甘心的汉斯在心里又燃起了一丝希望。于是，他找到了那位智者，将自己的抑郁和苦闷全部说了出来，然后满心希望地以为智者能够帮助他走出目前的困境。

智者摇摇头说："可惜啊，年轻人，我也帮不了你。"

汉斯听完智者的话，感到最后的一丝希望也这么破灭了。他觉得这样活在世上已经没有意义，于是他想到了自杀，这是结束现在这种痛苦唯一的方法了。

正在他心神俱散地起身准备离开的时候，智者忽然叫住了他，说了一句："虽然我是无法帮助你，但是我知道另外还有一个人可以帮助你。"

汉斯惊喜不已，问道："那个人是谁呢？他现在在哪里？"

智者笑着说："你跟我走吧。"

智者把汉斯带到一面大镜子前，他指着镜子当中的人对汉斯说："你看，你现在看到的这个人就是唯一可以拯救你的人。你如果想要再次成功首先就要认识你眼前的这个人，这就是唯一一个能真正帮助你成就一番事业的人，也是唯一一个能真正带你走出眼前困境的人。"

汉斯看着这个镜子中有些憔悴的自己，陷入了沉思当中。

等汉斯再来见这位智者的时候，他已经完完全全变成了另外一个人：现在的他容光焕发、神采奕奕，完全找不到以前消极的影子。他激动地告诉智者，他终于认识到自己原来是拥有如此巨大的力量。他重新认识到了自己，并且凭借自己坚持不懈的努力，他重建了自己的工厂。

这个故事告诉我们，在人生的每个不同阶段，我们总会多多少少地遇到一些困难阻碍，而带领你走出这些困难圈子的人其实只有你自己。我们才是自己最完美的救世主。当你从内心能真正肯定自己了，那么再多的困难和失败在你眼里只是一次又一次的磨炼，你会带着自己朝一个充满希望的地方勇往直前。你只有自己帮助自己，才会有人来帮助你，一个自暴自弃的人是不会得到他人的帮助的。不是你努力去做了一件事情，就百分之一百会成功，但是一旦你不努力去做，就肯定不会成功，起码你努力后还有百分之五十的希望。

我们明确了自己的人生目标，找准了前进的方向，人生道路上就会一段荆棘一段芳香。只有相信自己，能够全面地认识自己，审视自己的不足之处，在这条人生路上你才能走得更长更远。

失望、沮丧、黑暗这些负面情绪只会干扰你正常的决定。上帝给我们每个人的机遇是一样的，当你还在自哀自怜的时候，其实已经有人重新整装待发，作好迎接下一个挑战的准备了，或者这时候，他就已经接到了上帝刚好抛来的橄榄枝！

人的一生其实最大的敌人就是自己，而且这个敌人将会陪着你从出生直至死亡，因为正是有了这个敌人，你一次又一次地挑战它、超越它，你的人生才会迈上一个又一个崭新的台阶。

美国总统林肯曾经说过：“人下决心想要愉快到什么程度，他大体上就能够愉快到什么程度。你能够决定自己的心灵，控制自己的思想。在这个世界上，唯一能够搭救你的人，就是你自己。”

告诉自己，你的生活精彩灿烂

人生在世不过百年，活的就是一种心态。国学大师季羡林先生就说过："在一生中，我不强求自己一定要在这不足百年的时间里做出轰轰烈烈的伟业来，一定要成就什么大事情，只要能活出生命的意义，找到自身存在的价值，就可以说，这一辈子没有虚度。"季老的一生经历过大起大落，并不是一帆风顺的。他年轻时独自在异国求学达数十年之久，中年又历经磨难，但是到了晚年，他并没有因为历经沧桑而像是一个饱经忧患的老人，相反却愈加有着参透世事的智者风范，心态乐观而又有活力。

季老曾对苏东坡的那句"谁道人生无再少"作答曰："我道人生有再少。"从中可见他对生活的信心。当人对生活充满信心时，就会散发出活力和激情，这是只有热爱生命的人才具有的精神状态。一般人到老年时都会感怀时不我待，到年老的时候就该在回忆中虚度了，季老则不这样认为。他认为："每个人无论在何时何种情况下，都应该对生活充满期待，如此才能不至于让生命虚度。"

有位成功人士在讲述自己的人生经历时这样说道：

"我在小学的时候，有一次我考试得了第一名，老师就送了我一张世界地图，当时高兴极了。我开心得一到家就开始仔细看这本世界地图，但是不幸的是，那天正好轮到我为家人烧水洗澡。我就一边烧开水，一边在火炉边看地图。当我看到埃及的时候，心中异常兴奋，因为在学校的时候，就听老师说世界上有许多绝美的风景，埃及有金字塔，有尼罗河，当时我就心想，长大以后一定要到埃及去。

"当我看得出神的时候，爸爸从浴室中冲出来，身上裹了一条浴巾，大声对我说：'火都熄灭了，你在干什么？'我说：'我在看世界地图，听老师说……'我的话还没说完，爸爸就生气地给了我两个耳光，然后就说：‘别再瞎想了，赶快生火，你这辈子怎么能到那个地方！’说完后，就一脚把我踢到火炉旁边去了。

“我当时惊呆了，心想：我这辈子真的要庸庸碌碌生活下去吗？我会永远到不了那个地方吗？心中顿时感到十分迷惘，也十分失落。但是，我又想，我一定要到埃及去，证明爸爸的话是错误的！

“在以后的20年中，我心中一直充满了信心，梦想有一天真的能到埃及去。周围的朋友都告诉我：‘你到其他国家去干什么？’那时候埃及还没开放观光，出国是极其困难的。我对我的朋友说：‘我对未来充满了信心，我十分坚定自己的梦想！’

“经过20年的努力，有一天我终于有机会出行，到了埃及。当我坐在埃及金字塔旁边的时候，我买了一张明信片给爸爸。我这样写道：‘亲爱的爸爸，你可能想不到我此刻正在埃及给你写这封信。记得小时候你曾给过我两个耳光，并说我以后永远到不了这么远的地方来。现在，我就坐在埃及给你写这封信，心里也十分的感激您。正是当初你的刺激，才使我这几十年对生活充满了信心，过得极为充实！”

一个人只有对生活充满希望，才能使生命充满激情和活力，才能使生命不虚度，那些不良的情绪才不会打扰你，心中才不会感到迷惘，最终才能收获更为丰富的人生。

已经101岁的布里姆博士每天都能保持着年轻人的冲劲和活力。一天晚上，他和朋友一起到公园散步时，听到公园中的音乐，他便兴致盎然地跟着哼起了小调。

“抬头看着远处！”他对朋友说道，“到处是高楼大厦，我觉得这个城市最伟大的地方是，它随时都在改变，在不断地进步！”

朋友又问他对于现在年轻人的看法。他说：“我感谢上帝，使这个世界有了这些年轻人！他们现在真的不错，比我们那时候要聪明、懂事多了。他们将会为我们创造一个新的世界，我也正期待着一个新世纪的来临！”

很难想象，一个101岁的老人也正在期待一个新世纪的来临！那天，他与朋友逛了许久。夜已深了，朋友向他抱歉说这么晚了还让他在外面待着。他说：“不要紧的，我自己也常常半夜睡觉。但是，第二天，我会找时间休息。年轻人，你应该学会一点，不要总是勉强自己。我很早的时候便已经意识到了这一点。明天，我会照常早起，然后轻松地享受我的早餐，再看看报纸。如果报纸上面的讣告栏里面没有我的名字，那么我会再上床美美睡上一觉！”

布里姆博士将每一天都当成生命诞生的第一天，每天都让自己心中充满希望，尽管这一天也可能有许多的麻烦事等着他。他将每一天都当作生命的最后一天去珍惜。人只要能认真地生活，内心就会变得极为乐观、坚强，并充满希望。那么，那些所谓的不良情绪就再也不会扰乱你的内心了。

对我们每个人来说，每一天都是崭新的一天，每一天都充满着新的希望。有希望就有期待。当我们养成一种习惯，每天期待一件惊喜的事情发生时，那么，我们的期待就总会有所收获。也就是说，我们内心希望得越多，得到的意外喜悦就越多。如果一个人内心每天都充满了希望，那么他还有什么理由，有什么时间去叹息、去悲哀、去烦恼呢？所以，在生活中，当你失意的时候，不妨多给自己一点希望，就像有人说的那样，当你又一次失恋的时候，请不要悲伤，而要高兴，因为你终于结束了对于双方来说都是折磨的生活，而等待你的生活将充满着无限的可能性。永远都抱着希望生活，使自己每天都生活在开心之中，不比什么都好吗？

人生是有限的，希望却是无限的。生活中有太多的因素我们是无法控制的，比如际遇、机会，但是快乐掌握在我们自己的手中，我们可以掌控自己。虽然我们也无法知道将要发生的事情，但是我们可以确定我们现在要做的事情；我们也无法预知自己的寿命，但是我们可以安排好我们每一天的生活；我们也左右不了天气，但是我们可以左右自己的心情。只要活着，就要对生活充满期待和希望，这样，我们的人生才会快乐而精彩。

一花一世界，一叶一菩提

南怀瑾先生说过：一个人活在这个世界上，是顺着生命叩拜自然之势来的；年龄大了，到了要死的时候，也是顺着自然之势去的。所以，老子也说“物壮则老”，一个东西壮大到极点，自然要衰老。“老则不道”，老了，这个生命要结束，而另一个新的生命就要开始了。换句话说，真正的生命不在现象上。从现象上看到有生死，那个能生能死的东西，不在乎这个肉体的生死。所以，我们要看通生死。“安时而处顺，哀乐而不能入也。”这是最高的修养境界。把生死的道理看通了，随时随地可以心安理得“而处顺”。人生除死无大事，死是最大的问题，生死的问题看通了，顺其自然，自己就不会被后天的感情扰乱了。

……

生死问题从来都是人生永恒的话题。人在生时畏惧着死，将死的时候惦念着生，是作为凡夫俗子的我们最大的心病。一个人如果看不通生与死，所谓的“养心”将会成为空谈。在这一点上，我们应该向南怀瑾先生学习。他认为：生死只存在于呼吸之间，看通了生死，就能了生达命，就能够顺应自然、重生乐生，到这时候，我们就不必刻意去养生，生命之光就自然会闪现。

南怀瑾有一位老朋友，年纪大了，有一次生病住进了医院。突然有一天，朋友打电话给南怀瑾说，自己可能马上要离开人世了，望能最后见他一面。

南怀瑾急切地赶到医院，见到这位朋友。朋友说："这几年受你的影响，对生死看得淡了，不过有一件事情我还是放心不下，死后是土葬还是火葬。我还有几万块钱可以打理。"

南怀瑾一听这话，内心有些发火，就告诉朋友："你学佛几十年，还写了许多书与文章，应该悟道了，怎么到临了还想不通呢？佛说一火能烧三世业，你死了只剩几根骨头还干嘛装个棺材回家乡埋葬，为何不将这些钱用来做些善事？当然是火葬嘛！"

朋友勉强地点了点头，但是后来还是交代用土葬，把剩下来的钱全部用掉。

事后，南怀瑾就大为感叹，认为这个朋友看不通生死，连最痛快的死都不愿意。对于生死，他的态度是"生则重生，死则安死"。就是说，活着的时候就健健康康地活着，死的时候就痛痛快快地死。他说："一个人了解了许多养生必要的学识，使自己活着的时候，无病无痛；万一到了死的时候，既不麻烦自己，也不拖累别人，痛痛快快地死去，这便是人生最难求得的幸福。"

其实，如此看不通生死的不只上述南怀瑾的朋友一个人，现实中的许多人对死亡都存在着恐惧，不愿意痛快地死，生的时候带着种种忧虑，又怎么能活得健康、潇洒呢？

生命只是一段旅程，什么富贵荣华、功名利禄，也都是过眼云烟。生与死实际上只是人生旅途中的一个大转折。人生中最大的问题莫过于生死，倘若能够有勇气看透生死，那所有的问题也就不是问题了。在这方面，庄子可算得上是看通生死的第一人。

庄子的妻子死了，他的朋友惠施就去他家吊丧。一进门，就看到庄子正叉开两条腿坐在地上，一边敲着盆一边唱歌。

惠施一见，十分生气地说："你的妻子跟你过了一辈子，为你生儿育女，辛辛苦苦将他们抚养成人。如今她不在人世了，你怎么能够一滴眼泪未流，反而敲打唱歌呢？这样实在是太过分了。"

然而庄子说道："不要这样说。她刚死的时候，我怎么没有感慨呢？但是推究起来，她原来是没有生命的，不但没有生命，就连形体也没有；不但没有形体，而且没有形体产生的气候征兆。在混沌混杂之中，逐渐酿成了产生形体的气候征兆，进而具有了形体，进而具有了生命，进而又有了现在的死亡。这如同春夏秋冬四季变化运行一样自然。现在她舒舒服服地睡在这天地的大屋子里，而我却在这里号啕大哭，自认为这太不通达天命了，所以就不哭了。"

庄子将人的生死比喻成一种自然循环的过程，将生死看作自然的回归。对于生死，他看得十分透彻。因为他是从另一个角度来诠释生死的含义，透过死体现生的价值，透过生领悟死的意义。

虽然生老病死，没有人可以逃避，但是人的精神可以超越一切，包括生死。因此，我们对待生命的态度应该如南怀瑾先生一样，生则重生，死则安死。生的时候尽心尽力，要修身、齐家、治国平天下，努力让生命发挥最大的意义。到将死之时，安然平静顺其自然地去接受。这时候死亡便失去了它震慑人心的恐怖色彩，失去了玄而又玄的色彩，完全是一种自然的宁静安寂。其实，有时候人们把死亡也看成一种解脱。相较于生存过程中的奔波辛劳来说，死亡相对来说更像是一种永久安息，脱离了牵挂和苦恼。

"一花一世界，一叶一菩提。"生命的收与放，本质都是相同的。生死面前，能够做到悠然自得的人便是领悟了生命的真谛。岁月流逝，人生苦短，我们今天还在开心地笑着，健康自在地活着，就一定更加要珍爱生命，尊重生命。让我们从此刻开始热爱生活、好好地活着，过好生命的每分每秒。

在最好的时间，看最美的风景

小说《飘》中梅兰姑娘有一句话："假如你用挑剔的眼光看待这个世界，那么你眼中将是遍地荆棘。"是的，想让这个世界充满阳光和温馨，我们就得用欣赏的目光去看待它。可是，我们生活在一个时刻都在变化的现实世界里。生活中难免遇到一些不如意的事情，这会让我们产生抱怨的情绪，进而苛求自己去改变生活。于是，我们的生活出现了矛盾。在生活中，能够把尖锐的目光变作欣赏的目光的能有几个人呢?

金子是一个挑剔的女孩，对任何事情都要求完美，甚至近乎苛刻。当然，她有挑剔的资本。二十几岁，如花般的年纪，美丽的脸蛋，窈窕的身材，高学历，好工作，丰厚的收入……这近乎完美的条件使得金子永远高傲得像一个公主。但是，金子的生活并没有想象中那样快乐轻松，这不仅令她的好朋友奇怪，就连她自己都莫名其妙：我所拥有的一切都是最好的，我要求完美，可为什么我甚至都没有一个普通人那样幸福呢？后来，还是朋友想通了，对金子说："你感受不到幸福，恰恰就是因为你对自己太苛刻、太追求完美，甚至可以说你看待生活的眼光太尖锐了。"金子想想，可能是这样吧。别的不说，这个年纪的女孩，谁没有一群要好的死党呢？可金子只有一两个好姐妹，不是说她不需要朋友，而是她太苛刻了，对朋友的要求也太严格。曾经有一个和金子比较要好的同事，只是因为学了吸烟，就被金子拉到了"黑名单"里——断交了。其实那个女孩也是很优秀的，和金子的关系也很好。还有就是交男朋友的问题，像金子这样的女孩，身后怎么可能没有排队的追求者呢?可事实上就是没有，金子的高傲是所有认识她的人都知道的。偶尔有个"不怕死"的追求者，金子当然是眼睛看都不看，弄得男孩子只能自卑地知难而退。

如果不能放下自己近乎苛刻的追求完美的心态，那么眼里的一切就都将变得糟糕起来。这样，还何谈幸福？所以，追求幸福快乐，就要舍得放下一些东西，比如挑剔，比如完美，比如一些不可实现的梦想。要知道，世界不会因我们而改变，只有我们自己试着去接受，去欣赏，我们才能看到美好，收获幸福。

想要获得生活中的快乐，我们就必须用欣赏的眼光去看待生活。欣赏不仅仅只是视觉上的感受，它还是一种人生的哲学，更是一种人生的体验。茫茫人世间，最美的风景莫过于欣赏，欣赏可谓是尘世间一道独特的风景。若要享受，要学会欣赏；若要快乐，要学会欣赏；想要幸福，也要学会欣赏。

不管在什么时候，学会了欣赏，你便可收获你想要的一切。懂得欣赏，你的内心永远充满阳光。不懂得欣赏的那些人往往是缺乏爱心的人或是缺少情趣的人。学会欣赏，便可得到幸福。幸福因欣赏而滋生。

欣赏是一种学习的境界。生活在这个世界里，每个人都有自身的优点和缺点。学会欣赏，就能看到别人的闪光点，久而久之别人的闪光点也就成为了你的闪光点，进而，你便成为了一个优秀的人。

欣赏是一种境界，可以领略到别人所不能领悟到的东西。只有懂得欣赏的人，对生活才会有另一番感悟，这种感悟能够使我们的生活变得轻松、愉悦，充满美感。所以，懂得欣赏是非常有必要的。

欣赏还是一种情趣高雅的精神。学会了欣赏，便找到了生活的真谛。懂得欣赏，你就有了独特的情怀。

真正懂得欣赏的人，无时无刻不在欣赏生活中的美景……无论你选择哪种方式去度过你的人生，你的身边都不乏值得欣赏的美景。但人们偏偏喜欢把目光投向远方的景象，因此，常常忽略掉身边的一些景致。难怪一位哲人说："也许我们四处寻觅的良驹，到头来竟是胯下的这匹坐骑。"我们常常受生活所累，最关键的原因就是我们疏于欣赏。钱钟书先生曾说过："洗一个澡，看一朵花，吃一顿饭，假使你觉得快活，并非全因澡洗得干净、花开得好，或者菜合你口味，主要因为你心上没有挂碍，轻松的灵魂可以专注于肉体的感觉，来欣赏，来审定。”世间万物都能唤起我们对生命的关爱，只是有时候我们察觉不到而已。

漫漫人生路，我们难免会遇到一些忧愁的事情。一位前往沙漠的徒步旅行者，身上只有半瓶水了，悲观主义者只会认为他在喝掉这半瓶水后就会被困死在这茫茫大漠中。但乐观主义者则充满了活下去的希望，他告诫自己，靠这半瓶水一定能走出这茫茫戈壁。这是两种人的区别之处。我们不妨放慢我们匆匆前行的脚步，以一种平和的心境，享受我们生活中的每一个片段，进而发现生活中的幸福所在。如此，我们才能摆脱尘世的纷扰，发现人生的真谛，让疲惫的心灵得到休息和洗涤。

世界上谁是最快乐的人

有人说：“生命的过程就是追寻快乐的过程。”仔细想想，确实不错。我们每个人几乎都在不断地苦苦追寻，身处这样的过程之中。但残酷的是，即使我们都朝着相同的方向前进，但最终的目的地却未必是一样的。

到底问题出在了哪里呢？智慧、能力还是运气？这些其实都不是最关键的，我们的心和眼睛才是最关键的。

有人曾经做过这样一项十分有趣的调查：世界上谁是最快乐的人？接着，他们奔走于世界各地去寻找答案。在对所有的答案进行归总后，有四种答案频繁出现，而且相当有趣，它们分别是：为幼小的孩子擦洗身体的母亲，在沙地里堆砌城堡的孩子，吹着口哨欣赏自己新作的艺术家和通过几小时的全力抢救而挽回生命的大夫。

看到这样的调查结果的时，你也许会发现，所谓“最快乐”的状态其实是很简单，而且它们都真实存在于我们生活的周围。如果你肯用心去体会，哪怕是炎热夏季的一阵风、爱人递到手中的一杯水，都能让你感到无比的快乐。

有一对夫妻，彼此深爱着对方。随着婚姻生活的深入，女人觉得男人对她的感情慢慢变淡，男人也觉得女人已经不再是自己当初喜欢的那个人了。在男人眼里，婚姻就像是爱情的坟墓，是自己亲手埋葬了幸福。

有天下午，男人坐在沙发上享受难得的闲暇时光，随手拿起一份杂志，他发现了一篇表达对婚姻生活失望的文章，而且他被这篇文章深深吸引住了。通过笔名来判断，这应该是位女性作者，她优美的文采竟让男人有了怦然心动的感觉。

男人做了一个决定，他想写一封信认识一下这位女作者。他在信中这样写道：“你的丈夫为什么不懂得珍惜像你这样一位颇具才情的女子呢？”然后，他把这封信寄往编辑部，希望他们将这封信转交给那位女作者。就这样，男人日复一日地期盼着女作者的回信。两个月过去了，一点消息都没有，寄出的信就像石沉大海一样。

男人满怀希望的心被击得粉碎。让人意想不到的是，某天，在他找东西的时候，他无意间发现了那封信。他以为自己弄错了，但是那封信上的字迹正是自己的。为了弄清事实的真相，他急忙跑去询问妻子。妻子的回答让他大跌眼镜：“是一个热心读者寄来的，我一直没有回信。”

得知真相后的男子，错愕不及，进而释然了：短短几年，他竟然忘记了自己的妻子也是一位颇具才情的女子，婚前妻子就有写作的爱好。

男人这才意识到是自己错了，是自己对妻子关心太少。与此同时，男人发现妻子依然美丽。于是，他们的生活又像回到过去那样幸福甜蜜。

原来苦苦等待的美景，竟然一直都在身边，只是我们缺少了善于发现的双眼和看风景的心情。我们因为不懂得欣赏，经常把自己甩入抱怨的漩涡。应聘时，觉得这个世界缺少伯乐；工作了，又抱怨自己薪水太少；等到结婚了，又抱怨自己的老婆没有别人的老婆好……总而言之，人生灰暗，好像所有的付出都付之东流了。

其实，想要让一切美景尽收眼底，只要我们用心观察，就可以做到。生命并不缺少快乐，而是因为我们的双眼被浮躁所蒙蔽，以至于发现不了快乐。

有个年轻的军官，在新婚不久后就要到驻地去履职，而且他还要在驻地待很长时间。他的妻子很舍不得他，决定和丈夫一同前往驻地。

军官将妻子安顿在驻地附近印第安部落中的一个木屋里。

刚开始，妻子还觉得很新鲜。但没过多久，妻子就无法适应这里的生活了。夏天来了，当地的早晚温差变化很大，妻子难以适应这样的气候，更为糟糕的是，当地的印第安部落中没有人懂得英文，这让她难以融入印第安生活圈。

几个月后，妻子终于忍无可忍了，但她又不忍心撇下丈夫，一个人回到繁华的大都市。所以，她给母亲写了一封信，诉说那里生活的艰辛。

不久后，母亲就给她回信了。母亲在信中这样写道：“有两个罪行一样的犯人，住在同一间牢房里。无聊的监狱生活里，他们唯一的娱乐方式，就是透过铁窗看看外面的世界。然而，两个人看到的景象是不一样的，其中一个只能看到泥土高墙，另一个则看到了满天繁星后的闪亮。”读完后，妻子似乎明白了什么，她决心也要看到满天繁星后的光华。从那以后，她变得积极主动，主动融入印第安人的生活圈，了解印第安人的生活习俗，学习他们的编织和烧陶的工艺，慢慢地，她发现自己居然喜欢上了印第安式的生活。

除此之外，她还认真研究有关星象学方面的书籍。没过几年，她就推出了自己著作的关于星象学方面的书籍，并且成为一名星象研究专家。

把人生比喻成旅行再贴切不过，漫漫人生路，有坎坷崎岖，也有看不完的美景良辰。哀莫大于心死，如果我们没有了思想，没有了欣赏的目光，再美的星光你也不会发现。当你用消极的心态去看待世界，生活给你的答案就是哀伤；如果你用积极乐观的心态去面对生活，你就会发现许多意外的惊喜。所以，少些消极的情绪，只要你善待生活，生活一定会给你一个好的结果。

其实，很多时候我们缺少的是一双发现美的眼睛。只要你善于观察，你会发现世界的美丽所在。生活中有很多快乐，用心去寻找，你会发现，快乐无处不在。